ISSN 0021-1915

15. JAHRGANG · SEITEN 265—296 · BERLIN SEPTEMBER 1979

IPRAX 15 15 (9) 265—296 (1979) 32036

9

isotopenpraxis

EVP 9,— M

AKADEMIE-VERLAG

ISOTOPENPRAXIS

herausgegeben von J. Mühlenpfordt, Berlin · C. F. Weiss, Leipzig

An unsere Autoren

Die Zeitschrift veröffentlicht Beiträge zu folgenden Themen: Kontrolle und Analyse radioaktiver und stabiler Isotope, Anwendung radioaktiver und stabiler Isotope in allen Gebieten der Forschung und Technik, der Industrie, Landwirtschaft und Medizin, Herstellung radioaktiver und stabiler Isotope sowie von markierten Verbindungen, kernelektronische Geräte für die Isotopenanwendung (Dickenmesser, Dichtemesser u. ä.) Detektoren für isotopentechnische Arbeiten und den Strahlenschutz in Isotopenlaboratorien, Meßtechnik und Strahlenschutz, Dosimetrie in Isotopenlaboratorien, kerntechnische Geräte für die Isotopenanwendung (Betron, Bestrahlungsanlagen u. ä.), Strahlenchemie, Radiochemie, ökonomische und perspektivische Fragen, Fragen der Weiterbildung.

1. Aufnahme von Manuskripten

Zur Veröffentlichung angenommen werden nur druckreife, noch nicht anderweitig publizierte Beiträge in deutscher, englischer oder russischer Sprache zum Themenbereich der Zeitschrift und zwar

- Originalarbeiten
- Kurze Originalmitteilungen
- Aus der Praxis
- Zusammenfassende Berichte
- Tagungsberichte
- Informationen.

Sind der Beitrag oder Teile daraus bereits veröffentlicht oder ist eine anderweitige Veröffentlichung vorgesehen, so muß dies der Redaktion mit genauer Angabe der Zweitveröffentlichung mitgeteilt werden. Mit der Annahme des Manuskriptes behält sich der Verlag das Recht der Vervielfältigung, Verbreitung und Übersetzung innerhalb der gesetzlichen Schutzfrist vor. Auszugsweiser Nachdruck oder photomechanische u. a. Wiedergabe sind an eine schriftliche Genehmigung des Verlages gebunden. Manuskripte, Zeichnungen und Photos von veröffentlichten Arbeiten werden nur auf den besonderen Wunsch bis zum Zeitpunkt der Veröffentlichung mitgeteilten Wunsch des Autors zurückgesandt.

Bei der unverlangten Einreichung von Manuskripten wird empfohlen, eine Befürwortung eines der Herausgeber oder Redaktionsausschußmitglieder beizufügen.

Manuskripte sind einzureichen bei der Redaktion, DDR-108 Berlin, Leipziger Str. 3–4.

2. Form der Manuskripte

Die Autoren werden gebeten:

2 Manuskripte, eines davon in Original-Maschinenschrift, einseitig und mit 2zeiligem Abstand einzureichen; gut leserliche Photokopien sind zulässig; auf dem 1. Blatt (unter Weglassung der Bezeichnung)

den Titel der Arbeit
Vorname-Initialen und Namen sämtlicher Autoren
gegebenenfalls die Institution, in der sie tätig sind
eine kurze Zusammenfassung der Arbeit von höchstens 15 Zeilen
Keywords in alphabetischer Reihenfolge und
als Fußnote die Anschrift der Institution anzugeben;

wenn möglich auf gesonderten Blättern Namen, Titel der Arbeit und Zusammenfassung in den beiden anderen obengenannten Sprachen 2fach beizufügen;

Literaturhinweise (fortlaufend numeriert), Fußnoten, Tabellen, Abbildungen (in etwa 2facher Veröffentlichungsgröße), Abbildungsunterschriften (getrennt von den Abbildungen, mit Zeichenerklärungen, Quellenangaben, falls erforderlich, und gegebenenfalls mit einem Vermerk für besondere Wünsche bezüglich der Abbildungsgröße), private und Dienstanschrift der Verfasser mit akademischen Titeln und ausgeschriebenen Vornamen auf besonderen Blättern ans Ende des Manuskriptes zu stellen;

Wünsche für den Kolumnentitel (Seitenüberschrift) bekanntzugeben;
Absätze durch Einzüge von mindestens 3 Anschlägen kenntlich zu machen;
die Maßeinheiten des SI-Systems ("Systéme International") zu verwenden;
Korrekturen im Manuskript unmittelbar an der zu korrigierenden Stelle anzubringen;
Formeln deutlich lesbar und möglichst groß einzutragen;
Farbabbildungen und nachträgliche Änderungen oder Ergänzungen in Abbildungen zu vermeiden;
hervorzuhebende Textstellen zu unterstreichen, und zwar halbfetten Satz mit einer geraden schwarzen Linie, kursiven Satz (Schrägschrift) mit einer blauen Wellenlinie (alle Eigennamen). Sperrungen gestrichelt;
besondere Buchstaben durch farbige Unterstreichung zu kennzeichnen, und zwar Formelzeichen in

Griechisch-Kursiv (α, β, ...) rot,
Kursiv (*A*, *B*, ...) blau
halbfetter Kursiv (***A***, ***B***, ...) 2 Linien blau (Vektoren),
halbfetter Grotesk (**A**, **B**, ...) 2 Linien violett (Tensoren);

bei Literaturangaben auf Vollständigkeit zu achten. In nachstehender Reihenfolge müssen angegeben sein:

a) bei *Zeitschriften*: Vorname-Initialen und Namen sämtlicher Autoren, Titel der Zeitschrift (nach „Periodica Chimica" oder möglichst wenig gekürzt), Bandnummer (unterstrichen), Jahreszahl (im Klammern), Heftnummer (nur bei Zeitschriften, die jedes Heft mit S. 1 beginnen) sowie die Seitenzahl, auf der die zitierte Arbeit beginnt.

b) bei *Büchern*: Initialen der Vornamen und Name des Autors (Herausgeber werden durch den Zusatz „ed." gekennzeichnet), voll ausgeschriebener Titel des Buches in der Originalsprache, evtl. Bandnummer, voll ausgeschriebener Name des Verlages, Nummer der Auflage (außer der ersten), Erscheinungsort(e), Erscheinungsjahr (hier nicht in Klammern setzen!) und evtl. Kapitelnummer, Seitenzahl u. ä.

c) bei *Sammelbänden, Tagungsberichten*: Es soll zusätzlich der Titel des zitierten Beitrags angegeben werden. Die Seitenzahl muß unbedingt angegeben werden. Aus dem Zitat muß hervorgehen, ob es sich um einen Tagungssammelband oder um einen noch nicht veröffentlichten Vortrag handelt. Zwischen Tagungsort und Erscheinungsort des entsprechenden Tagungsberichts ist zu unterscheiden.

3. Korrekturen

Der Autor erhält zwei Umbruchabzüge, von denen einer möglichst schnell korrigiert an die Redaktion zurückgereicht werden soll. Auf Wunsch des Autors kann die Korrektur auch von der Redaktion gelesen werden.

Durch nachträgliche Manuskriptänderungen verursachte Korrekturkosten gehen, sofern sie 10% der Satzkosten übersteigen zu Lasten des Autors.

Der Autor erhält 50 Sonderdrucke kostenlos. Weitere Sonderdrucke können bis zur Rückgabe der Korrekturabzüge auf Kosten des Autors bei der Redaktion bestellt werden.

Bezugsmöglichkeiten

Bestellungen sind zu richten

- **in der DDR** an den Postzeitungsvertrieb; an eine Buchhandlung oder an den **AKADEMIE-VERLAG, DDR-108 Berlin, Leipziger Straße 3–4**
- **im sozialistischen Ausland** an eine Buchhandlung für fremdsprachige Literatur oder an den zuständigen Postzeitungsvertrieb
- **in der BRD und Westberlin** an eine Buchhandlung oder an die Auslieferungsstelle KUNST UND WISSEN, Erich Bieber, 7 Stuttgart 1, Wilhelmstraße 4–6
- **in Österreich** an den Globus-Buchvertrieb, 1201 Wien, Höchstädtplatz 3
- **in den übrigen westeuropäischen Ländern** an eine Buchhandlung oder an die Auslieferungsstelle KUNST UND WISSEN, Erich Bieber GmbH, CH-8008 Zürich/Schweiz, Dufourstraße 51
- **im übrigen Ausland** an den Internationalen Buch- und Zeitschriftenhandel; den Buchexport, Volkseigener Außenhandelsbetrieb der Deutschen Demokratischen Republik, DDR-701 Leipzig, Postfach 160, oder an den AKADEMIE-VERLAG, DDR-108 Berlin, Leipziger Straße 3–4

Zeitschrift „Isotopenpraxis"

Herausgeber: Im Auftrag des Akademie-Verlages herausgegeben von Prof. Dr. Justus Mühlenpfordt und Prof. Dr. Carl Friedrich Weiss

Verlag: Akademie-Verlag, DDR-108 Berlin, Leipziger Straße 3–4; Fernruf 2 23 62 21 oder 2 23 62 29; Telex-Nr. 114 420;

Bank: Staatsbank der DDR, Berlin, Kto.-Nr.: 6836-26-20712

Chefredakteur: Dr. Klaus Uhlig, Berlin

Anschrift der Redaktion (Fernruf: 6 35 11 77) der Zeitschrift Isotopenpraxis: Akademie-Verlag, DDR-108 Berlin, Leipziger Str. 3–4

Veröffentlicht unter der Lizenznummer 1527 des Presseamtes beim Vorsitzenden des Ministerrates der Deutschen Demokratischen Republik

Gesamtherstellung: VEB Druckerei „Thomas Müntzer", DDR-582 Bad Langensalza

Erscheinungsweise: Die Zeitschrift „Isotopenpraxis" erscheint monatlich. Die 12 Hefte eines Jahrganges bilden einen Band. Bezugspreis je Band 144,– M zuzüglich Versandspesen (Preis für die DDR 108,– M), Preis je Heft 12,– (Preis für die DDR 9,– M)

Bestellnummer dieses Heftes: 1079/15/9

AN (EDV) 12831

ISOTOPENPRAXIS ISSN 0021-1915

Band 15 (1978) Heft 9, S. 265—296

Redaktion und Verlag: Akademie-Verlag, Redaktion Isotopenpraxis, 108 Berlin, Leipziger Straße 3—4

Inhaltsverzeichnis

Originalarbeiten

Kurze Originalmitteilungen

(Fortsetzung des Inhaltsverzeichnisses auf der Rückseite des 2. gelben Blattes)

ISOTOPENPRAXIS

Band **15** (1978) Heft 9, S. 265–296

Redaktion und Verlag: Akademie-Verlag, Redaktion Isotopenpraxis, 108 Berlin, Leipziger Straße 3–4

Contents

Articles

R. Kunze, H. Rothe, H. Korn

A Quasi-Adiabatic Differential Calorimeter for the Determination of Adsorbed-Dose Unit for Quantum Radiation

Isotopenpraxis **15** (1979) No. 9, p. 265 to 271
8 Fig., 2 Tab., 11 Ref.

In order to determine the absorbed-dose unit of quantum radiation for energies above 0·4 mev, a standard measuring device was established in ASMW, the main component of which is a quasi-adiabatic differential calorimeter. The design and mode of operation of the standard measuring device are described. Graphite is used as reference material for the absolute determination of the absorbed dose. The correction factors entering the determining equation for the absorbed dose are briefly discussed. The lower measuring limit is about 10^{-1} Gy, while the measuring error ranges 1·4 %.

N. A. Kolev

On the Impact of Vertical Resolution of Neutron Probes on the Determination of Soil Humidity

Isotopenpraxis **15** (1979) No. 9, p. 272 to 273
1 Fig., 1 Tab., 14 Ref.

The impact of vertical resolution of neutron probes on the accuracy of determination of soil humidity is considered. The results of measurements performed with neutron probes of different vertical resolution are presented. The possibility to exclude the error caused by poor vertical resolution in the determination of soil humidity is considered and theoretically qualitatively prooved.

M. Skakun-Todorović, S. Albahari, J. Vučina, T. Memedović, Č. Teofilovski

Production of some Inorganic Forms of ^{35}S at the Boris Kidric Institute (*in English*)

Isotopenpraxis **15** (1979) No. 9, p. 274 to 276
2 Fig., – Tab., 16 Ref.

Some inorganic forms of ^{35}S are used as starting material for some chemical syntheses of labelled organic compounds. The choice depends on the desired characteristics of the labelled compound. Preparation of elementary sulphur ^{35}S, sodium sulphide-^{35}S, ferrous sulphide-^{35}S, barium sulphate-^{35}S, barium sulphide-^{35}S, is described. The characteristics of the products, along with determination methods, are given. The products are obtained with high specific activities: elementary sulphur-^{35}S, 1–5 Ci/gS; sodium sulphide-^{35}S 1–5 Ci/gS; ferrous sulphide-^{35}S, 1–5 Ci/gS; barium sulphate-^{35}S, 5–15 Ci/gS; barium sulphide-^{35}S, 1–5 Ci/gS.

G. Chmielewski, A. Selecki

Application of Radioactive Tracers to Some Processes on a Large Scale (*in English*)

Isotopenpraxis **15** (1979) No. 9, p. 276 to 281
10 Fig., – Tab., 16 Ref.

Methods of using the radioactive tracers for study of processes running on a big industrial scale, and methods of results interpretation are discussed.

Содержание

Статьи

Р. Кунце, Х. Роте, Х. Корн

Квази-адиабатический дифференциальный калориметр для определения единицы поглощенной дозы квантового излучения

Isotopenpraxis **15** (1979) вып. 9, стр. 265 до 271
8 рис., 2 табл., 11 лит.

В АСМВ для определения единицы поглощенной дозы квантового излучения для энергий высше 0,4 мэв создана нормальная измерительная аппаратура, основной частью которой является квази-адиабатический дифференциальный калориметр. Обясняются конструкция и образ действия нормальной измерительной аппаратуры. В качестве эталонного материала использовался графит. Коротко обсуждаются коэффициенты поправки, входящие в определяющее уравнение для поглощенной дозы. Нижний предел измерения данной аппаратуры около 10^{-1} *Ги*, а погрешность измерения составляет 1,4 %.

Н. А. Колев

О воздействии вертикального разрешения нейтронного зонда на определение влажности почвы

Isotopenpraxis **15** (1979) вып. 9, стр. 272 до 273
1 рис., 1 табл., 14 лит.

Рассматривается воздействие вертикального разрешения нейтронного зонда на точность определения влажности почвы. Представляются результаты измерений, выполненных нейтронными зондами с различной разрешающей способностью. Рассматривается возможность исключения вызванной плохой вертикальной разрешающей способностью ошибки в связи с определением влажности почвы и приводится теоретическое качественное обоснование.

М. Скакун-Тодорович, С. Альбахари, И. Вучина, Т. Мемедович, Ч. Теофиловский

Производство некоторых неорганических форм ^{35}S в институте им. Бориса Кидрича (*на англ. языке*)

Isotopenpraxis **15** (1979) вып. 9, стр. 274 до 276
2 рис., – табл., 16 лит.

Некоторые неорганические формы ^{35}S используются в качестве исходного материала для химического синтеза некоторых меченых органических соединений. Выбор зависит от желаемой характеристики меченого соединения. Описывается производство элементарной ^{35}S, сульфида натрия-^{35}S, сульфида железа-^{35}S, сульфата бария-^{35}S, и сульфида бария-^{35}S. Приводятся характеристика вещества, а также способы определения. Получаются вещества высокой удельной активности: элементарная сера-^{35}S: 1–5 *Ci/г* S; сульфид натрия ^{35}S-: 1–5 *Ci/г* S; сульфид железа-^{35}S: 1–5 *Ci/г* S; сульфат бария-^{35}S: 5–15 *Ci/г* S; сульфид бария-^{35}S: 1–5 *Ci/г* S.

А. Г. Хмилевский, А. Селецкий

Крупномасштабное использование радиоактивных индикаторов для некоторых процессов (*на англ. языке*)

Isotopenpraxis **15** (1979) вып. 9, стр. 276 до 281
10 рис., – табл., 16 лит.

Обсуждаются методы использования радиоактивных индикаторов для крупномасштабного исследования промышленных процессов, а также способы интерпретации результатов. Излагаются исследования, выполненные на установке по обработке сточных вод, на

Quasiadiabatisches Differentialkalorimeter zur Darstellung der Einheit der Energiedosis für Quantenstrahlung

R. Kunze, H. Rothe, H. Korn

(Amt für Standardisierung, Meßwesen und Warenprüfung, Bereich Meßwesen, Fachabteilung Ionisierende Strahlung[1])

Zur Darstellung der Einheit der Energiedosis von Quantenstrahlung für Energien oberhalb von 0,4 MeV wurde im ASMW eine Normalmeßeinrichtung geschaffen, deren Hauptbestandteil ein quasiadiabatisches Differentialkalorimeter ist. Der Aufbau und die Wirkungsweise der Normalmeßeinrichtung werden erläutert. Als Bezugsmaterial für die absolute Bestimmung der Energiedosis dient Graphit. Die Korrektionsfaktoren, die in die Bestimmungsgleichung für die Energiedosis eingehen, werden kurz diskutiert. Die untere Meßgrenze der Einrichtung liegt bei 10^{-1} Gy, wobei die Meßunsicherheit 1,4% beträgt.

(E41) INIS DESCRIPTORS:

absolute counting; accuracy; adiabatic processes; calibration standards; calorimetric dosemeters; errors; gamma radiation; graphit; keV range 100—1000; MeV range 01-10; radiation doses; radiation dose units; sensitivity; specifications; X radiation

1. Einführung

Die Kenntnis der absorbierten Energie ist für die Beurteilung der Wirkung ionisierender Strahlung auf Materie, insbesondere auch auf den lebenden Organismus, von grundlegendem Interesse; die pro Masseneinheit absorbierte Energie ist ein direktes Maß für die Strahlungswirkung. Für die praktische Dosimetrie, z. B. im Strahlenschutz, in der Strahlenbiologie und Strahlenchemie, gewinnt deshalb die Größe Energiedosis zunehmend an Bedeutung.

Die in der Vergangenheit im ASMW entwickelten Normalmeßeinrichtungen zur Darstellung der Einheit der Exposition für Röntgen- und γ-Strahlung [1—3] ermöglichten den Anschluß dosimetrischer Geräte an die Einheit für Expositionsmessungen. Eine Möglichkeit zur Bestimmung der Energiedosis von Quantenstrahlung im bestrahlten Stoff war deshalb bisher nur indirekt über eine Expositionsmessung frei in Luft gegeben. Das Verfahren der Umrechnung der gemessenen Expositionswerte in Energiedosiswerte hat jedoch zwei wesentliche Nachteile:

- Die Konversionsfaktoren C_λ für die Umrechnung sind mit einem zusätzlichen Fehler behaftet.
- Die Expositionsmessung kann wegen der notwendigen Einhaltung der Bedingung des Elektronengewichts nur für Quantenenergien bis 3 MeV erfolgen.

Um den praktischen Bedürfnissen der Anwender ionisierender Strahlung und gleichzeitig auch der internationalen Entwicklung auf dem Gebiet der Dosimetrie besser Rechnung zu tragen, war im ASMW eine Normalmeßeinrichtung als Grundlage für die direkte Messung der Energiedosis zu schaffen. Diese Einrichtung sollte die definitionsgemäße Darstellung der Einheit der Energiedosis für Quantenstrahlung mit einer im internationalen Maßstab vergleichbaren Meßunsicherheit gestatten und den Anschluß von dosimetrischen Normalen und Arbeitsmeßmitteln an die Energiedosiseinheit ermöglichen. Im folgenden wird über den Aufbau und die meßtechnischen Eigenschaften der neuen Normalmeßeinrichtung auf der Basis eines quasiadiabatischen Differentialkalorimeters berichtet.

[1]) Anschrift: DDR, 1026 Berlin, Wallstr. 16

2. Theoretische Grundlagen des kalorimetrischen Verfahrens

Die Energiedosis D ist durch die Beziehung

$$D = \frac{\mathrm{d}\overline{E}_\mathrm{D}}{\mathrm{d}m} = \frac{\mathrm{d}\overline{E}_\mathrm{D}}{\varrho \cdot V} \tag{1}$$

definiert [4], wobei $\mathrm{d}\overline{E}_\mathrm{D}$ die mittlere Energie bedeutet, die dem Massenelement dm durch ionisierende Strahlung zugeführt wird ($\varrho \sim$ Dichte, $V \sim$ Volumen des bestrahlten Massenelementes). Die SI-Einheit der Energiedosis ist das *Gray* (1 Gy = 1 J/kg). Dabei ist zu beachten, daß die Energiedosis als Wechselwirkungsgröße immer auf einen bestimmten Stoff bezogen ist und die Angabe von Energiedosiswerten ohne gleichzeitige Angabe des Bezugsstoffes nicht eindeutig ist.

Zur kalorimetrischen Bestimmung der Energiedosis in einem vorgesehenen Stoff muß entsprechend der Definitionsgleichung (1) ein differentielles Massenelement dm dieses Stoffes — der Absorber — am interessierenden Meßort vom Umgebungsmaterial thermisch isoliert angeordnet werden und die auf ihn durch Strahlung übertragene Energie über die damit verbundene Temperaturerhöhung gemessen werden:

$$D = K_\alpha \cdot \frac{\Delta Q}{\Delta m_\mathrm{A}} \tag{2}$$

$$= K_\alpha \cdot c_\mathrm{A} \cdot \Delta T \tag{2a}$$

Darin bedeuten:

- ΔQ bzw. ΔT: dem Absorber durch Absorption ionisierender Strahlung zugeführte Wärmeenergie bzw. die dadurch bewirkte Temperaturänderung des Absorbers
- Δm_A: Masse des Absorbers
- c_A: spezifische Wärmekapazität des Absorbers
- K_α: Korrektionsfaktor, der die nicht vollständige Umwandlung der freigesetzten Energie in Wärme berücksichtigt.

Allgemein gilt für die beobachtete Temperaturänderung des Absorbers eines Kalorimeters bei Energiezufuhr:

$$\frac{\mathrm{d}T_A}{\mathrm{d}t} = \frac{\dot{Q}_A}{C_A} - \frac{h}{C_A}(T_A(t) - T_u(t)) \tag{3}$$

$\dot{Q}_A/C_A$: im Absorber auftretende Wärmeleistung bezogen auf die Wärmekapazität C_A des Absorbers

$H = \frac{h}{C_A}$: totaler Wärmeverlustmodul

h: totaler Wärmeübertragungskoeffizient

$T_A(t)$, $T_u(t)$: Absorber- bzw. Umgebungstemperatur

Der totale Wärmeübertragungskoeffizient h beschreibt dabei die Wärmeaustauschprozesse — Wärmestrahlung, -leitung, -konvektion — zwischen dem Absorber und seiner Umgebung. In [5] sind die sich aus der Beziehung (3) ergebenden möglichen Meßmethoden zur kalorimetrischen Energiedosisbestimmung gegenübergestellt und ausführlich erläutert worden. Ein Kalorimeter in quasiadiabatischer Arbeitsweise mit einer externen Manteltemperaturregelung erfordert einen hohen elektronischen Aufwand. Im vorliegenden Fall wurde deshalb der Versuch unternommen, durch Kopplung der quasiadiabatischen Arbeitsweise mit dem Differentialprinzip vollkommen auf eine gesonderte Temperaturregelung des Mantels — bei gleichbleibender Empfindlichkeit der Meßeinrichtung — zu verzichten. Der Mantel bildet für die beiden Absorber-Jackett-Systeme (vgl. Abb. 1) eine gemeinsame temperaturkonstante Umgebung (statische Temperaturkontrolle).

Für den Fall (T_{Ma} = const) erhält man bei einem vernachlässigbaren Wärmeaustausch zwischen den beiden Absorber-Jackett-Einheiten für jede der Einheiten aus der Beziehung (3) folgendes Differentialgleichungssystem:

$$\frac{\mathrm{d}T_A}{\mathrm{d}t} = \frac{\mathrm{d}T_A^W}{\mathrm{d}t} - H_{AJ}(T_A(t) - T_J(t))$$

$$\frac{\mathrm{d}T_J}{\mathrm{d}t} = \frac{\mathrm{d}T_J^W}{\mathrm{d}t} + H_{AJ}(T_A(t) - T_J(t)) - H_{JMa}(T_J(t) - T_{Ma}) \tag{4}$$

$$\frac{\mathrm{d}T_{Ma}}{\mathrm{d}t} = 0$$

$T_A(t)$, $T_J(t)$: Absorber- bzw. Jackettemperatur

$\mathrm{d}T_A/\mathrm{d}t, \mathrm{d}T_J/\mathrm{d}t$: beobachtete (gemessene) Temperaturänderung von Absorber und Jackett

$\mathrm{d}T_A^W/\mathrm{d}t, \mathrm{d}T_J^W/\mathrm{d}t$: wärmeverlust-korrigierte Temperaturänderung von Absorber und Jackett

H_{AJ}, H_{JMa}: totaler Wärmeverlustmodul für den Wärmeaustausch zwischen Absorber und Jackett bzw. Jackett und Mantel

T_{Ma}: Manteltemperatur

In [6] werden Lösungen für dieses System bei verschiedenen Betriebsbedingungen des Kalorimeters angegeben. Für die meisten Betrachtungen reicht eine Näherungslösung aus, die einen linearen Verlauf der Jackettemperatur und einen vernachlässigbaren Einfluß des Jackett-Mantel-Wärmeaustausches ($H_{JMa} \to 0$) auf die Absorbertemperatur voraussetzt. Man erhält dann für den wärmeverlust-korrigierten Wert des Temperaturzuwachses des Absorbers ΔT_A^W bei Einergiezufuhr (Reihenentwicklung der auftretenden e-Funktion bis zur 2. Ordnung):

$$\Delta T_A^W = \Delta T_M - \left\{\frac{t_M}{2}\left[\left(\frac{\mathrm{d}T_A}{\mathrm{d}t}\right)_V + \left(\frac{\mathrm{d}T_A}{\mathrm{d}t}\right)_N\right] + \frac{H_{AJ} \cdot t_M^2}{6}\left[\left(\frac{\mathrm{d}T_A}{\mathrm{d}t}\right)_N - \left(\frac{\mathrm{d}T_A}{\mathrm{d}t}\right)_V\right]\right\} \tag{5}$$

mit $\Delta T_M = T_{Ae} - T_{Aa}$

ΔT_M: beobachteter (gemessener) Wert der Temperaturänderung des Absorbers

T_{Ae}, T_{Aa}: End- bzw. Anfangstemperatur des Absorbers

t_M: Meßzeit

$\left(\frac{\mathrm{d}T_A}{\mathrm{d}t}\right)_{V,N}$: Temperaturdrift des Absorbers in der Zeit vor bzw. nach der Energiezufuhr

H_{AJ}: totaler Wärmeverlustmodul

Die Glieder in der geschweiften Klammer beschreiben die Korrektur für den Wärmeaustausch.

Mit dem so ermittelten Wert ΔT_A^W kann prinzipiell nach der Beziehung (2a) die Energiedosis im gewählten Absorbermaterial bestimmt werden.

3. Quasiadiabatisches Differentialkalorimeter des ASMW

3.1. *Mechanischer Aufbau*

Das im ASMW als Normalmeßeinrichtung zur fundamentalen Darstellung der Einheit der Energiedosis aufgebaute quasiadiabatische Differentialkalorimeter setzt sich aus folgenden Hauptbaugruppen zusammen:

- zwei Absorber-Jackett-Einheiten mit gemeinsamem Kalorimetermantel
- umgebendes Vakuumgehäuse mit den Durchführungen für die Meß- und Versorgungsleitungen mit angeschlossener Vakuumpumpe
- Thermostatengehäuse mit Wasserbad und angeschlossenen Ultrathermostaten
- elektrische Meß- und Heizkreise

In den Abb. 1 und 2 ist das Differentialkalorimeter in zwei Querschnittszeichnungen (ohne Thermostaten und Vakuumpumpe) dargestellt.

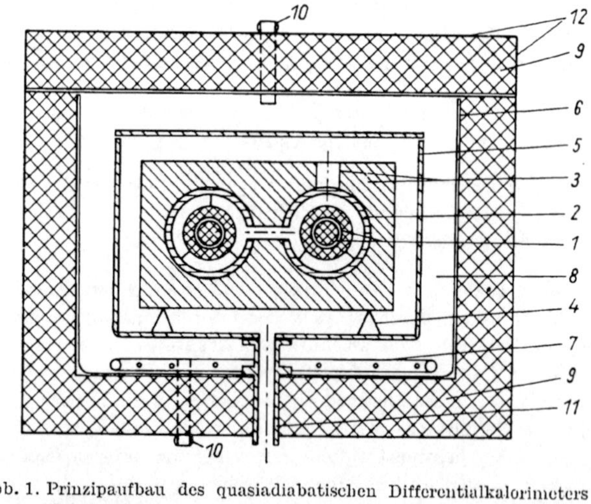

Abb. 1. Prinzipaufbau des quasiadiabatischen Differentialkalorimeters (Schnittebene quer zur Strahlrichtung)

1 — Absorber-Jackett-Einheit; 2 — Aluminiumring für die Aufhängung und Justierung der Absorber-Jackett-Einheit; 3 — Kalorimetermantel mit Öffnung zum Einbringen einer Ionisationskammer; 4 — Justierschrauben für den Mantel; 5 — Vakuumgehäuse; 6 — Innenwand des Thermostatengehäuses; 7 — Zuführung für das thermostatierte Wasser; 8 — Thermostatenbad; 9 — Polyurethanschaumfüllung; 10 — Zu- und Abfluß für das thermostatierte Wasser; 11 — Vakuumanschluß; 12 — Außenwand des Thermostatengehäuses

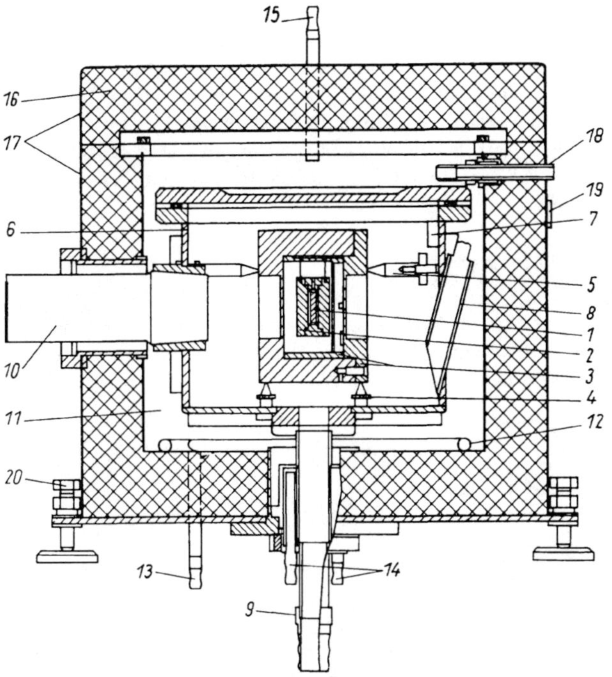

Abb. 2. Detaillierte Querschnittszeichnung des quasiadiabatischen Differentialkalorimeters (Schnittebene durch ein Absorber-Jackett-System in Strahlrichtung)

1 – Absorber; 2 – Jackett; 3 – Mantel mit dem Ring für die Aufhängung der Absorber-Jackett-Einheit; 4 – Justierschrauben für den Mantel; 5 – seitliche Justierschrauben für den Mantel; 6 – Vakuumgefäß; 7 – Anschlußleiste für die Meß- und Versorgungsleitungen; 8 – Durchführung für die Leitungen durch das Vakuumgefäß; 9 – Anschluß für die Vakuumpumpe; 10 – Glasstutzen; 11 – Thermostatenbad; 12, 13 – Zufluß des thermostatierten Wassers; 14 – Anschlüsse für den Wasserumlauf am Vakuumstutzen; 15 – Abfluß des thermostatierten Wassers; 16 – Polyurethanschaumfüllung des Thermostatengehäuses; 17 – Außenwand des Thermostatengehäuses; 18 – Durchführung für die Leitungen durch das Thermostatengehäuse; 19 – äußere Anschlußleiste für die Meß- und Versorgungsleitungen; 20 – Justierschrauben für das Kalorimeter

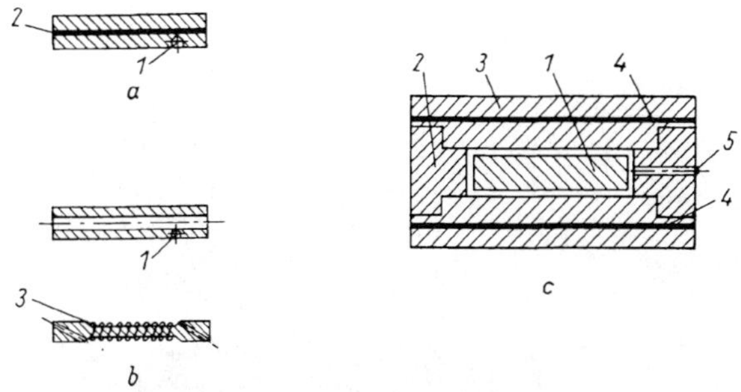

Abb. 3. Ausführungsformen von Absorber und Jackett

a) Variante a) des Absorbers: 1 – Thermistor; 2 – Heizschicht
b) Variante b) des Absorbers: 1 – Thermistor; 3 – Heizpatrone
c) Absorber-Jackett-System: 1 – Absorber; 2 – Ringkörper (Jackett); 3 – Deckplatte (Jackett); 4 – Heizschicht (Jackett); 5 – Absorberaufhängung

Tab. 1. Mittlere Werte der aufgebauten Absorber-Jackett-Systeme

Größe	Absorber	Jackett
Material	Reinstgraphit Typ E 4030 Verunreinigungen ≦ 14 ppm	Reinstgraphit
Masse	4 g	58 g
Wärmekapazität	2,90 J/kg · K	42,0 J/kg · K
Verunreinigungen (Thermistor, Heizer Al-Bedampfung)	Variante a): 0,8% Variante b): 0,2%	
thermische Zeitkonstante zum Jackett ($1/H_{AJ}$)	$1{,}1 \cdot 10^3$ s	–
Heizwiderstand	400 Ω	3600 Ω
Thermistor R_T, α_T bei $T = 297$ K	5100 Ω 3,5%/K	–

Das eigentliche Kalorimeter besteht aus drei einander umhüllenden Teilen, die voneinander durch evakuierte Spalte thermisch isoliert sind. Im Inneren liegt der scheibenförmige Absorber, der vom Jackett und dieses wiederum vom Mantel umgeben ist.

Absorber und Jackett sind jeweils aus Reinstgraphit vom Typ E 4030 hergestellt. Damit wird die Energiedosis in Graphit bestimmt. Graphit hat gegenüber anderen Materialien, z. B. gewebeäquivalentem Material (TEM = tissue equivalent material) den Vorteil, daß in ihm keine strahlenchemischen Reaktionen stattfinden. Der Absorber, der einen Durchmesser von d = 25 mm, eine Höhe von h = 5 mm und eine Masse von m = 4 g hat, hängt an drei 0,1 mm dicken Perlonfäden im Jackett. Die Oberflächen von Absorber und Jackett wurden gut poliert und mit Aluminium (etwa 0,1 µm) bedampft, um den Wärmeübergang durch Strahlung herabzusetzen. Der Absorber wurde in zwei Ausführungen gefertigt, die sich durch die Art der Zuführung der elektrischen Energie voneinander unterscheiden (Abb. 3). In Tab 1 sind die wichtigsten Daten der Absorber-Jackett-Einheiten zusammengefaßt. Jede Absorber-Jackett-Einheit hängt justierbar an vier Perlonfäden in einem Aluminiumring, der austauschbar in einen der beiden Mantelhohlräume eingeschoben werden kann Der Mantel schafft für die beiden Absorber-Jackett-Einheiten eine temperaturkonstante Umgebung.

Um den Wärmeaustausch über die Luft im Innern des Kalorimeters durch Leitung und Konvektion klein zu halten, wurde das Absorber-Jackett-Mantel-System in einem Vakuumgehäuse untergebracht, das wiederum von einem thermostatierten Wasserbad umgeben ist. Die Temperatur des Wasserbades wird mit einem Doppelthermostaten auf $\pm 2 \cdot 10^{-3}$ K konstant gehalten. Der Wasserbehälter selbst ist doppelwandig ausgeführt und mit einer 50 mm dicken Polyurethanschaum-Isolierschicht ausgelegt.

Der gesamte Aufbau befindet sich justierbar auf einem Meßtisch, der in Richtung senkrecht zur Achse des bei der Messung verwendeten Strahlenbündels verschiebbar ist, so daß wechselweise jeweils eine der beiden Absorber-Jackett-Einheiten in den Strahlengang gebracht werden kann.

Abb. 4 zeigt den kompletten Aufbau der Normalmeßeinrichtung.

3.2. *Aufbau der elektrischen Meß- und Heizkreise*

Als Temperaturdetektoren werden in den Absorbern Mikrothermistoren des VEB Keramische Werke Hermsdorf (Typ TNS 4,7) eingesetzt. Zur Gewährleistung eines guten thermischen Kontaktes sind die Thermistoren in 0,7 mm tiefen Bohrungen in den Kreisflächen der Absorber mit einer Epoxidharz-Graphit-Mischung eingebettet. Der Nachweis der Widerstandsänderung des Thermistors im jeweiligen Meßabsorber bei

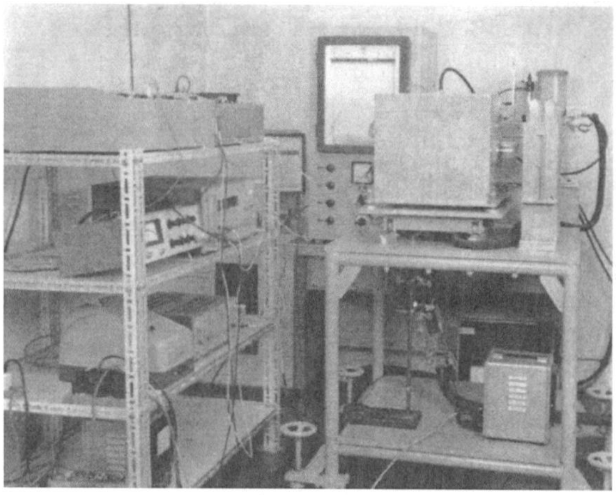

Abb. 4. Gesamtheit der Normalmeßeinrichtung
rechts: Kalorimeter; links: Meßbrücke; dahinter: Doppelthermostat mit Temperaturschreiber

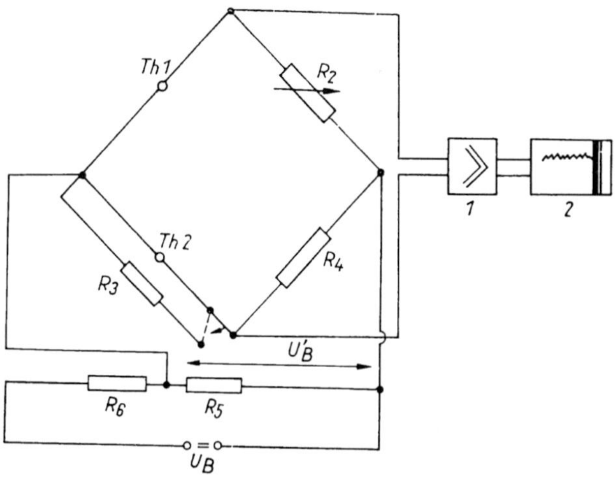

Abb. 5. Aufbau des Meßkreises
Th1, Th2: Thermistor im System 1 bzw. 2; R_2: Widerstandsdekade $10 \times 0{,}1\ \Omega \ldots 10 \times 10^4\ \Omega$; R_4: Normalwiderstand 5 kΩ; R_3: Ersatzwiderstand für den Thermistor 2; U_B: Brückenspannung; R_5, R_6: Spannungsteiler für die Brückenspannung; 1: *nV*-Gleichspannungsverstärker; 2: *y*-*t*-Koordinatenschreiber

Energiezufuhr geschieht mittels einer *Wheatstone*-Brücke mit nachfolgenden nV-Gleichspannungsverstärker (Abb. 5). Zur Aufzeichnung der Meßwerte kann an den Verstärker entweder ein *y*-*t*-Schreiber oder ein Digitalvoltmeter mit einem Meßwertdruckersystem angeschlossen werden.

Die erzeugte Brückenspannung ΔU bei einer Widerstandsänderung ΔR des Thermistors ist der Temperaturänderung ΔT des Absorbers bei Energiezufuhr direkt proportional:

$$\Delta T = \frac{\Delta U}{\alpha_T \cdot R_1 \cdot E_\Omega^{R_1}} = k \cdot \Delta U \tag{6}$$

α_T: Temperaturkoeffizient des Thermistors
R_1: Widerstand des Thermistors zu Beginn der Messung
$E_\Omega^{R_1}$: Empfindlichkeit der Brücke
$k = 1/\alpha_T \cdot R_1 \cdot E_\Omega^{R_1}$: Konstante des Meßkreises

Für die hier aufgebaute Schaltung liegt k bei $1{,}5 \cdot 10^{-4}$ K/μV.

Zur Zuführung einer definierten elektrischen Energie und zur Gewährleistung der quasiadiabatischen Arbeitsweise dienen die Heizkreise in Absorber und Jackett. Die dem Absorber zugeführte Leistung wird aus dem Heizstrom I_A, der aus dem Spannungsabfall an einem Normalwiderstand R_N bestimmt wird, und dem Absorberwiderstand R_A ermittelt. Der Jackettheizstrom I_J ist durch die quasiadiabatische Bedingung $\Delta T_A \approx \Delta T_J$ festgelegt:

$$I_J^2 \approx \frac{R_A \cdot m_J}{R_J \cdot m_A} \cdot I_A^2 \tag{7}$$

Abb. 6 zeigt den Aufbau des Heizkreises. Der Widerstand R_V im Jackettheizkreis dient zum Einstellen des Jackettstromes entsprechend der Bedingung (7).

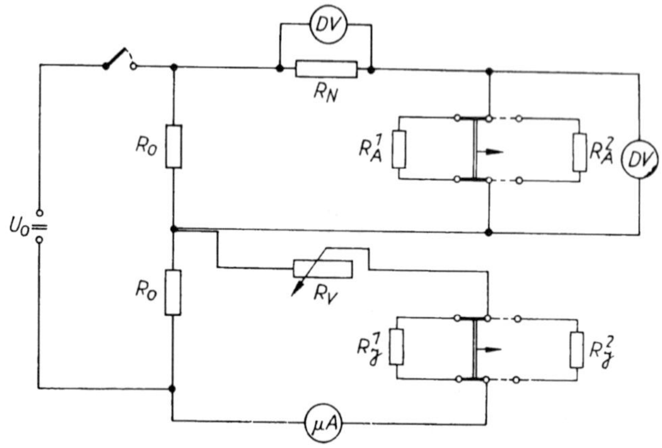

Abb. 6. Aufbau des Heizkreises
U_0: Versorgungsspannung für den Heizkreis; R_0: Spannungsteiler; R_N: Normalwiderstand (10 kΩ); R_V: Vorwiderstand zum Einstellen des Jackettheizstromes; R_A^1, R_A^2: Absorberheizwiderstand des Systems 1 bzw. 2; R_J^1, R_J^2: Jackettheizwiderstand des Systems 1 bzw. 2; *DV*: Digitalvoltmeter; μA: μA-Meter

Mit den Wechselschaltern 1 und 2 erfolgt die Umschaltung vom Absorber-Jackett-System 1 auf das System des Differentialkalorimeters.

3.3. *Messungen mit dem Kalorimeter*

Zur Bestimmung der durch Strahlung auf den Absorber übertragenen Energie wird diese mit einer elektrisch zugeführten Energie verglichen. Man erhält dann aus der Beziehung (2a) für die Energiedosis unmittelbar

$$D = K_\alpha \cdot \frac{E_{el}}{m_A} \cdot \frac{\Delta T_s}{\Delta T_{el}} \tag{8}$$

E_{el}: elektrisch zugeführte Energie
ΔT_s, ΔT_{el}: Temperaturänderung des Absorbers infolge Bestrahlung bzw. elektrisch zugeführter Energie

Mit dem Differentialkalorimeter können prinzipiell zwei Meßverfahren hinsichtlich der Zuführung der elektrischen Vergleichsenergie angewendet werden:

1) Die Brückenverstimmung infolge Erwärmung des einen Absorbers bei Bestrahlung (E_s) wird sofort durch eine Erwärmung des zweiten Absorbers durch Zuführung von elektrischer Energie (E_{el}) kompensiert (Arbeiten im Brückengleichgewicht):

$$D = \frac{E_{el}}{m_A} \cdot \prod_i K_i \tag{9}$$

Unsymmetrien zwischen den beiden Absorber-Jackett-Einheiten können durch Wechsel in der Art der Energiezufuhr zu den beiden Absorbern erfaßt werden.

2) Es wird in zwei aufeinander folgenden Messungen ein und demselben Absorber — relativ zu dem zweiten — einmal Energie durch Bestrahlung und zum anderen auf elektrischem Wege zugeführt (Arbeiten mit der Brückenverstimmung). Das zweite System wird dabei also lediglich als Kontrollsystem zur Unterdrückung des Einflusses von Schwankungen der Umgebungstemperatur benutzt. Aus dem Verhältnis der jeweils auftretenden Temperaturänderungen ΔT_s bzw. ΔT_{el} erhält man:

$$D = \frac{E_{el}}{m_A} \cdot \frac{\Delta T_s}{\Delta T_{el}} \cdot \prod_i K_i \tag{10}$$

Die beiden Systeme können in ihrer Funktion vertauscht werden, so daß man zwei voneinander unabhängige Meßergebnisse erhält.

Die Größe $\prod_i K_i$ stellt in den Gleichungen (9) bzw. (10) ein Produkt von Korrektionsfaktoren dar, das vom gewählten Meßverfahren abhängig ist. Im allgemeinen wird nach dem zweiten Verfahren gearbeitet, da es eine höhere Genauigkeit der Messungen ermöglicht, die Forderungen an die Identität der beiden Systeme nicht so streng sind und der Meßaufwand kleiner ist.

Der Meßablauf sieht dann im einzelnen wie folgt aus: Zuerst wird der eine Absorber bestrahlt und die dabei auftretende Brückenverstimmung $\Delta U_M^s(t)$ aufgezeichnet. Anschließend wird derselbe Absorber elektrisch aufgeheizt und ebenfalls die Brükkenverstimmung $\Delta U_M^{el}(t)$ aufgenommen. Die quasiadiabatische Arbeitsweise wird durch ein gleichzeitiges Aufheizen des Jacketts mit einem Strom entsprechend der Bedingung (7) gewährleistet.

Auf Grund der Proportionalität zwischen ΔU und ΔT (vgl. Beziehung (6)) können in den Beziehungen (5) und (8) bzw. (10) die Größen ΔT durch U ersetzt werden und ΔU_a nach

$$\Delta U_a = \Delta U_M - \frac{t_M}{2}\left[\left(\frac{dU}{dt}\right)_V + \left(\frac{dU}{dt}\right)_N\right] + \frac{H_{AJ} \cdot t_M^2}{6}\left[\left(\frac{dU}{dt}\right)_N - \left(\frac{dU}{dt}\right)_V\right] \tag{11}$$

ΔU_a: wärmeverlust-korrigierter Wert der Brückenverstimmung

ΔU_M: gemessener Wert der Brückenverstimmung

$(dU/dt)_{V,N}$: zeitliche Änderung des Brückensignals (Drift) vor bzw. nach Beendigung der Messung

t_M: Meßzeit

H_{AJ}: totaler Wärmeverlustmodul für den Absorber-Jackett-Wärmeaustausch

bestimmt werden.

Die in die Berechnung von ΔU_a eingehenden Größen ΔU_M und $(dU/dt)_{V,N}$ werden aus den Meßdaten im allgemeinen nach der Methode der kleinsten quadratischen Abweichung bestimmt (Ermittlung der Ausgleichsgeraden für die Vor- und Nachdrift). In Abb. 7 sind zwei Meßkurven für eine Energiezufuhr im Absorber aufgezeichnet. Die äußere rechte Kurve ist eine Kontrollkurve für die Brückenempfindlichkeit $E_\Omega^{R_1}$ (Gl. (6)). Die ΔU-Sprünge werden durch eine definierte ΔR-Änderung im Brückenkreis über die Widerstandsdekade erzeugt und dienen zur Überprüfung der zeitlichen Konstanz der elektrischen Parameter der Meßbrücke.

Wenn die adiabatischen Bedingungen $[(dU/dt)_V \approx (dU/dt)_N]$ gut erfüllt sind, kann der quadratische Korrektionsterm in (11) vernachlässigt werden. Es läßt sich dann ein einfaches graphisches Verfahren zur Bestimmung von ΔU_a anwenden, wie es in Abb. 7 an den beiden Meßkurven dargestellt ist. Die Größe ΔU_a wird bei $t = t_M/2$ bestimmt. Um Fehler infolge Änderungen der Brückenspannung, der Verstärkung und des Wärmeaustausches auszuschließen, wird während einer Meßserie der Wechsel von elektrischer Aufheizung und Aufheizung durch Bestrahlung des Absorbers 3 bis 5mal wiederholt.

3.4. *Eigenschaften des Kalorimeters*

Zur Überprüfung des Kalorimeters wurden theoretisch und experimentell ermittelte Aufheizkurven für das Kalorimeter bei verschiedenen Arbeitsweisen miteinander verglichen. In Abb. 8 sind die Ergebnisse für die quasiadiabatische Arbeitsweise dargestellt.

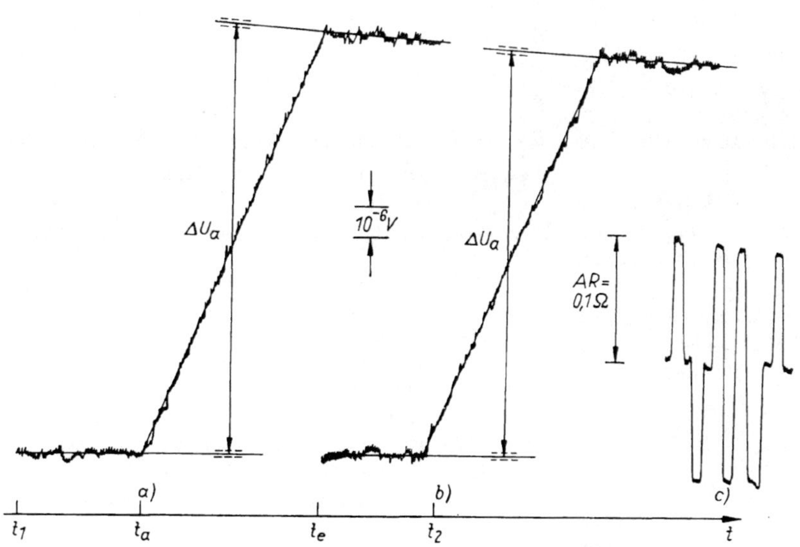

Abb. 7. Temperatur-Zeit-Kurven bei einer Energiezufuhr im Absorber (a, b) und Kontrolle der Empfindlichkeit des Meßkreises (c)
t_1, t_2: Beginn bzw. Ende der Messung; t_a, t_e: Beginn bzw. Ende der Energiezufuhr
Bitte beachten: Statt AR lies ΔR

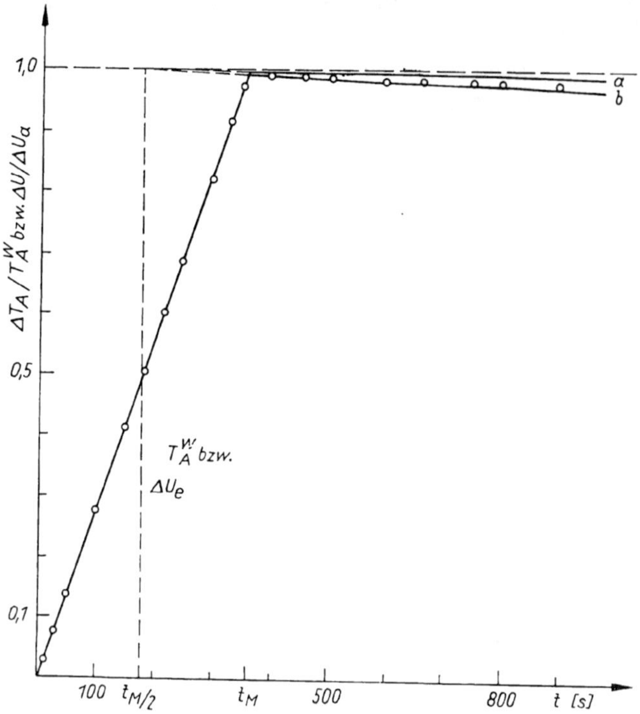

Abb. 8. Vergleich von theoretisch ermittelten ΔT_A-t-Kurven mit experimentellen Werten (○) anfängliche Temperaturdifferenz zwischen Absorber und Jackett: 10^{-5} K (Kurve a); 10^{-4} K (Kurve b) Bitte beachten: Statt ΔU_e lies ΔU_a

Für den totalen Wärmeverlustmodul H_{AJ} wurde sowohl aus experimentellen Verfahren als auch aus theoretischen Abschätzungen [6] ein Wert von $1 \cdot 10^{-3}\ s^{-1}$ ermittelt. Die Empfindlichkeit der gesamten Meßeinrichtung wird durch die Rauschamplitude der Meßeinrichtung sowie durch die mittlere Temperaturdrift des Absorbers während einer Meßperiode bestimmt. Die Langzeittemperaturdrift des Absorbers liegt nach einer 24stündigen Einlaufzeit des Kalorimeters bei $\leqq 2 \cdot 10^{-6}$ K/min. Die mittlere Schwankungsbreite des Brückenausgangssignals ist $\leqq 2 \cdot 10^{-7}$ V, was nach (6) einer mittleren Schwankungsbreite der Temperatur im Absorber von $\leqq 3 \cdot 10^{-5}$ K entspricht. Damit können Temperaturänderungen von 10^{-4} K bei einer minimalen Temperaturänderungsrate von 10^{-6} K/s infolge einer Energiezufuhr zum Absorber noch gut nachgewiesen werden.

Bei Verwendung von Graphit als Absorbermaterial ($c_p \approx 7 \cdot 10^2$ J/kg · K) entspricht das nach (2a) einer unteren Meßgrenze von etwa 0,1 Gy bei einer minimalen Dosisleistung von 10^{-3} Gy/s.

Auf Grund des Aufbaus sind die Absorber-Jackett-Einheiten im Kalorimetermantel leicht austauschbar und können auch durch Einheiten aus anderen Materialien (z. B. TEM) ersetzt werden.

An den Thermistoren durchgeführte Untersuchungen mit ^{60}Co-γ-Strahlung ergaben, daß eine Beeinflussung der elektrischen Eigenschaften der Thermistoren infolge der Bestrahlung im Dosisbereich bis zu 10^3 Gy nicht auftritt.

4. Ermittlung der Energiedosis

Erste Messungen mit dem Kalorimeter wurden im Röntgenstrahlungsfeld eines 2 MV-Teilchenbeschleunigers [7] durchgeführt.

Bei Anwendung des Meßverfahrens 2 ergibt sich für die Energiedosis im Graphit folgende Bestimmungsgleichung:

$$D_c = \frac{E_{el}}{m_A \cdot \Delta U_a^{el}} \cdot \Delta U_a^s \cdot K_V \cdot K_A \cdot K_W \cdot K_S \cdot K_\alpha = F_{el} \cdot \Delta U_a^s \cdot K_V \cdot K_A \cdot K_W \cdot K_S \cdot K_\alpha \quad (12)$$

E_{el}: elektrisch zugeführte Energie

m_A: Masse des Graphitabsorbers

ΔU_a^{el}, ΔU_s^a: Brückenverstimmung bei Zufuhr von elektrischer bzw. Strahlungsenergie

$F_{el} = \frac{E_{el}}{m_A \cdot \Delta U_a^{el}}$: Eichfaktor des Kalorimeters

Korrektionsfaktor

K_V: — für den Einfluß des Fremdmaterials im Absorber

K_A: — für die endliche Ausdehnung des Absorbers

K_W: — für den Einfluß lokaler Wärmequellen im Absorber

K_S: — für den Einfluß der Sekundärstrahlung auf den Kontrollabsorber

K_α: — für den thermischen Defekt im Absorbermaterial

Eine ausführliche Darstellung der Berechnung der Korrektionsfaktoren kann man der Arbeit [5] entnehmen. Hier soll nur kurz die Bedeutung der einzelnen Faktoren erläutert werden. Durch die Heizschicht, den Thermistor und die Al-Bedampfung werden Fremdmaterialien in den aus Reinstgraphit bestehenden Absorber eingebracht, die die Absorption im Graphit beeinflussen. Dieser Effekt wird durch den Korrektionsfaktor K_V berücksichtigt. Der totale Fremdmaterialanteil (Cu, Al, Mn, Fe, H) liegt bei der Absorbervariante a) bei $2 \cdot 10^{-2}$ g und bei der Absorbervariante b) bei $8 \cdot 10^{-3}$ g. Der Korrektionsfaktor K_A berücksichtigt die endliche Ausdehnung des Absorbers sowohl in Strahlrichtung als auch senkrecht zur Strahlrichtung. Die mit dem Thermistor an einem Punkt des Absorbers gemessene Temperaturverteilung wird als repräsentativ für den gesamten Absorber angenommen. Durch Ausbildung von Temperaturgradienten im Absorber [8] und durch eine zeitliche Verzögerung zwischen der Temperaturänderung von Absorber und Jackett [9] können systematische Fehler in der T-Bestimmung auftreten, die durch den Faktor K_W korrigiert werden. Der Faktor K_S berücksichtigt, daß bei einem Differentialkalorimeter das zweite Absorber-Jackett-System immer von Sekundärstrahlung getroffen wird und damit ebenfalls in geringfügigem Maße erwärmt wird. Wie schon im Abschnitt 2 erwähnt, beschreibt der Faktor K_α die nicht vollständige Umwandlung der Strahlungsenergie in Wärmeenergie. Als mögliche Prozesse kommen chemische Reaktionen, Änderung des Kristallgitters (Strahlungsdefekte) und (γ-n)-Reaktionen in Frage. Eine ausführliche Analyse dieser Prozesse [6, 10] zeigt, daß für Graphit im vorgegebenen Energiebereich keine Korrektion erforderlich ist.

Tab. 2 gibt eine Übersicht über den Variationsbreeich und die Fehler der Größen, die in die Beziehung (12) eingehen.

Tab. 2. Fehlerzusammenstellung für die kalorimetrische Energiedosisbestimmung

Größe	Variationsbereich bzw. Wert	zufälliger Fehler	nicht erfaßter systemat. Fehler
N_{el}	$\geqq 1{,}2 \cdot 10^{-3}$ W/kg	0,1%	0,1%
$m_{A_{el}}$	4 g		0,1%
ΔU_a	$\geqq 13\ \mu$V	0,2%	0,2%
ΔU_a^{el}	$\geqq 5\ \mu$V	0,3%	0,2%
K_W	1,005		0,2%
K_V	0,980 ... 0,998		0,1%
K_S	1,020 ... 1,003		0,1%
K_A	1,000		0,1%
K_α	1,000		0,1%

Im RGW-Standard „Fehler von Normalen" [11] wird der Fehler von Primärnormalen im wesentlichen durch

- den nichterfaßten systematischen Fehler und
- den zufälligen Fehler

charakterisiert. Als statistische Sicherheit sollte für beide Gruppen $P = 99\%$ gewählt werden. Die Grenzen des nichterfaßten systematischen Fehlers berechnen sich für $N \geqq 4$ aus

$$\Theta = 1{,}4 \sqrt{\sum_{i=1}^{N} \Theta_i^2}$$

wobei Θ_i die Grenze des i-ten nichterfaßten systematischen Fehlers ist. Eine Zusammenfassung beider Fehler zu einem Gesamtfehler der Meßeinrichtung wird in [11] nicht empfohlen. Für die Grenzen des zufälligen Fehlers ergibt sich aus dem Fehlerfortpflanzungsgesetz mit den Einzelwerten aus Tab. 2 ein Wert von 1,2% und für die Grenzen des nichterfaßten systematischen Fehlers ein Wert von 0,6%. Bei einer Addition beider Fehler, wie sie nach [11] für Normale niederer Ordnung anzuwenden ist, ergibt sich ein Gesamtfehler von 1,4%.

5. Ergebnisse

Zusammenfassend kann festgestellt werden, daß das ASMW mit dem Aufbau dieser Normalmeßeinrichtung in der Lage ist, die Darstellung der Einheit der Energiedosis für Quantenstrahlung im Bereich von 0,4 MeV $\leqq E \leqq$ 2,0 MeV mit einer im internationalen Maßstab vergleichbaren Meßunsicherheit von $\pm 1{,}4\%$ zu gewährleisten, wobei als Bezugsmedium Graphit dient. Die untere Meßgrenze liegt bei 10^{-1} Gy bei einer minimalen Dosisleistung von 10^{-3} Gy/s. Das ASMW besitzt damit die Voraussetzung, Strahlungsmeßgeräte, die in der Medizin, in Forschung und Industrie eingesetzt sind, direkt an die Einheit der Energiedosis anzuschließen. Auf die Problematik des Anschlusses von Arbeitsmeßmitteln an das Primärnormal wird in einer weiteren Arbeit eingegangen.

Auf Grund der erzielten guten Ergebnisse wurde von der Ständigen Kommission des RGW für Standardisierung in Auswertung einer „Analyse der nationalen Etalons zur Darstellung der Einheit der Energiedosis" die Normalmeßeinrichtung des ASMW gemeinsam mit der der Sowjetunion als RGW-Normal bestätigt. Die Meßeinrichtung stellt damit im RGW-Bereich das höchste Normal dar.

Eingegangen am 28. 2. 1979

Literatur

[1] *H. Rothe, K. Willuhn*, Isotopenpraxis 8 (1972) 281
[2] *O. Hecker, H. Rothe*, Isotopenpraxis 8 (1972) 373
[3] *R. Kunze, H. Rothe, G. Schulz*, Isotopenpraxis 8 (1972) 431
[4] ICRU-Report Nr. 19, Radiation Quantities and Units, Washington 1971
[5] *R. Kunze, H. Korn*, Isotopenpraxis **13** (1977) 305
[6] *R. Kunze*, Entwicklung, Aufbau, Erprobung eines kalorimetrischen Verfahrens zur fundamentalen Darstellung der Einheit der Energiedosis für hochenergetische Quantenstrahlung. Diss. an der Friedrich-Schiller-Universität Jena, 1978
[7] *G. Schulz, H. Rothe, R. Kunze*, Isotopenpraxis 8 (1972) 423
[8] *B. A. Engelke, K. Hohlfeld*, PTB-Mitteilungen **81** (1971) 185
[9] *F. H. Attix, W. C. Roesch, E. Tochilin* (Hrsg.), Radiation Dosimetry, Bd. II, Instrumentation, Academic Press, New York 1968
[10] *G. Weimar*, Atomkernenergie **20** (1972) 327
[11] St-RGW 403-76

Einfluß der vertikalen Auflösung der Neutronensonde bei der Bestimmung des Wassergehaltes des Bodens

N. A. Kolev

(Institut für Bodenkunde und Ertragsprogrammierung „N. Puschkarov“, Sofia, Bulgarien)[1])

Es wird der Einfluß der vertikalen Auflösung der Neutronensonde auf die Genauigkeit der Bestimmung des Wassergehaltes des Bodens betrachtet. Die Ergebnisse von Messungen der Neutronensonden mit verschiedener vertikaler Auflösung werden vorgelegt. Die Möglichkeit des Mangels an dem durch schlechte vertikale Auflösung bedingten Fehler bei der Bestimmung des Wassergehaltes des Bodens wird betrachtet und theoretisch qualitativ begründet.

(B31) INIS DESCRIPTORS:

accuracy; errors; humidity; moisture gages; neutron flux; radiometric gages; soils; spatial resolution

Aus vielen Veröffentlichungen [1—8] ist bekannt, daß das Wirkungsvolumen der Neutronensonde groß ist, d. h., bei den Messungen wird eine größere Bodenschicht erfaßt. Um diesen Effekt zu charakterisieren, wurde von *van Bavel* [2] der Begriff „sphere of influence“, bzw. der Radius der „sphere of influence“ eingeführt. Der Radius dieses Volumens hängt von der Bodendichte (nach [5]) und, wie das die Experimente von *van Bavel* [2] zeigen, von der Bodenfeuchte und der Detektorlänge ab. *Unger* [3] stellte eine Abhängigkeit von der Sondengeometrie fest.

Methoden zur Verbesserung der vertikalen Auflösung der Neutronensonde sind in [1, 4, 6, 9] vorgeschlagen worden. Es gibt aber fast keine Untersuchungen über die Schätzung des Einflusses des großen Wirkungsvolumens. Einige Autoren [9, 10] sind der Meinung, daß das große Wirkungsvolumen ein Nachteil der Neutronenmethode ist, andere [11] sind wiederum der Meinung, daß es ein Vorteil ist.

Die Untersuchungen von *van Bavel* und *Stirk* [12] und *Rogockij* [13] geben Anlaß zu der Annahme, daß der durch die relativ schlechte vertikale Auflösung der Neutronensonde bedingte Fehler bei der Bestimmung des Wassergehaltes sehr klein ist.

Bei der Prüfung der von uns konstruierten Sonde mit verbesserter vertikaler Auflösung RWP3 (siehe [8]) fanden wir auch keine Unterschiede zu den Ergebnissen der sowjetischen Neutronensonde NIW-2, was durch die verbesserte Auflösung zu klären ist.

Damit der Einfluß der vertikalen Auflösung der Neutronensonde bei der Bestimmung der Wasservorräte geschätzt werden konnte, wurden gleichzeitige Messungen mit 4 verschiedenen Sonden an 10 verschiedenen zufällig ausgewählten Bodenfeuchtigkeitsprofilen ausgeführt. Die verwendeten Sondentypen waren: unsere RWP3 (Szintillationssonde mit verbesserter vertikaler Auflösung), die tschechoslowakische Szintillationssonde NZK 201, die sowjetische NIW-2 und unsere zweite Sonde RWP 4 (^{3}He-Zählrohr und Endgeometrie). Die Ergebnisse der Messungen der Wasservorräte (in mm) sind in Tab. 1 aufgeführt.

Die Meßergebnisse der Sonde RWP3 mit verbesserter vertikaler Auflösung weisen genau die gleiche Streuung um den Mittelwert auf wie die der anderen Sonden.

Da die gemessenen Bodenfeuchtigkeitsprofile ganz zufällig ausgewählt sind, kann man annehmen, daß die Größe des Wirkungsvolumens keinen Einfluß auf die Genauigkeit der Bestimmung des Wassergehaltes hat, oder, wenn ein Einfluß besteht, der von ihm verursachte Fehler (bei der Bestimmung des Wassergehaltes) viel geringer ist als andere bei der Bestimmung der Bodenfeuchte mit Neutronensonden auftretende Fehler.

Ohnehin ist eine quantitative theoretische Berechnung dieses Einflusses sehr kompliziert und praktisch nicht realisierbar. Logische Betrachtungen aber ermöglichen eine qualitative Schätzung der Möglichkeit für einen solchen Einfluß.

Aus der Gleichung [14]

$$\Phi_{\mathrm{th}}(r) = \frac{Q}{4\pi D_3 r} \frac{L_3^2}{L_1^2 - L_2^2} \left[\frac{L_1^2}{L_1^2 - L_3^2} \left(e^{-\frac{r}{L_1}} - e^{-\frac{r}{L_3}} \right) - \frac{L_2^2}{L_2^2 - L_3^2} \left(e^{-\frac{r}{L_2}} - e^{-\frac{r}{L_3}} \right) \right] \quad (1)$$

*) Teilergebnisse der Dissertation „Bestimmung der Evapotranspiration durch Messung der Bodenfeuchte mit radiometrischen, Methoden“, AdL der DDR, Berlin. Betreuer: Prof. Dr. *K. Unger*, Quedlinburg

[1]) Anschrift: 1731 Sofia, Chaussée Bankja 5

Tab. 1. Gleichzeitige Bestimmungen der Wasservorräte

Sondentyp	Profilnummer 1	2	3	4	5	6	7	8	9	10
NZK201	305,2	297,2	308,2	307,0	320,5	330,1	335,2	343,7	349,8	360,3
NIW-2	290,7	308,0	312,7	310,9	318,6	325,4	340,7	330,3	352,3	369,1
RWP4	299,4	311,4	300,1	315,7	313,4	320,9	331,9	335,5	340,7	371,5
RWP3	285,9	304,7	307,4	312,5	322,3	326,6	337,3	340,9	347,2	364,0
Mittl. Wert	295,3	305,3	307,1	311,5	318,7	325,8	336,3	337,6	347,5	366,2

die den Fluß thermischer Neutronen in einem Punkt mit dem Abstand r von der Neutronenquelle beschreibt, ist zu ersehen, daß der Neutronenfluß sehr schnell mit der Zunahme des Abstandes r abnimmt. Daraus folgt, daß der Einfluß der weit von den Meßpunkten entfernten Punkte, in denen die Bodenfeuchte unterschiedlich ist, sehr gering ist. Eine zweite Voraussetzung ist, daß sich die Bodenfeuchte von dem Meßpunkt aus gesehen nur nach oben und nach unten verändert. Seitlich bleibt sie fast gleich, d. h., in einem großen Teil des Wirkungsvolumens ist die Bodenfeuchte dieselbe wie im Meßpunkt.

In Abb. 1a und 1b sind die beiden am häufigsten vorkommenden Fälle der Lage des Meßpunktes M im Bodenfeuchtigkeitsprofil dargestellt. Das bedeutet, daß das Zentrum des Wirkungsvolumens sich im Punkt M befindet.

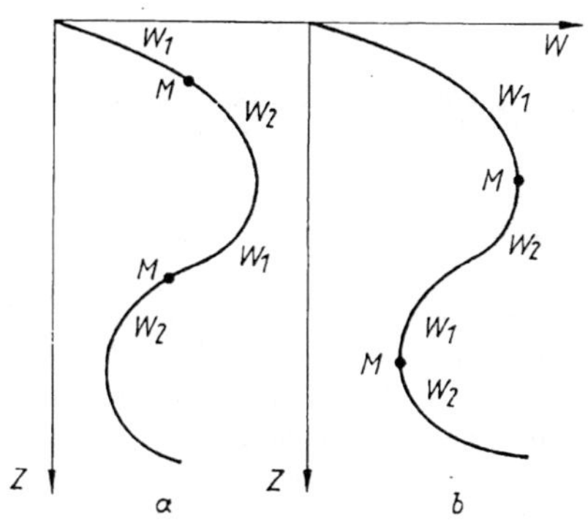

Abb. 1. Lage des Meßpunktes in der Bodenfeuchteprofilkurve

Im Fall a ist die Bodenfeuchte W_M im Punkt M:

$$W_1 < W_M < W_2 \quad \text{oder} \quad W_1 > W_M > W_2,$$

wobei W_1 und W_2 die Bodenfeuchtewerte oberhalb und unterhalb des Meßpunktes M sind. Man kann dann annehmen, daß:

1. die Bodenfeuchte W in der Nähe des Punktes M sich linear ändert,

2. in der horizontalen Ebene die Bodenfeuchtigkeit gleich bleibt,

3. der Neutronenfluß F im Meßpunkt M gleich der Summe der Neutronenflüsse F_1 und F_2, die in beiden Hälften oberhalb und unterhalb des Punktes M formiert sind, ist

$$F = F_1 + F_2 \tag{2}$$

Dann ist die Änderung des Neutronenflusses

$$\Delta F_1 = F_1 - F/2 \tag{3}$$

auf Grund der Abnahme der Bodenfeuchte fast gleich der Änderung

$$\Delta F_2 = F_2 - F/2 \tag{4}$$

des Neutronenflusses F_2 nach der Zunahme der Bodenfeuchte

$$\Delta F_1 = -\Delta F_2 \tag{5}$$

und $$\Delta F = \Delta F_1 + \Delta F_2 \approx 0 \tag{6}$$

Das bedeutet, daß in diesem Fall ein Kompensationseffekt eintritt.

Im Fall b befindet sich der Meßpunkt M in den Extrempunkten, und es ist

$$W_M > W_1 \quad \text{und} \quad W_M > W_2 \quad \text{oder}$$
$$W_M < W_1 \quad \text{und} \quad W_M < W_2$$

Nur in diesem Fall gibt es keine Kompensation der Änderung, und die gemessene Bodenfeuchtigkeit ist etwas geringer oder höher als die tatsächliche. Wenn sich der Meßpunkt aber etwas seitlich von den Extrempunkten befindet, beginnen schon die Kompensationseffekte zu wirken.

Bei der Bestimmung des Wassergehaltes des Bodens kompensieren sich diese Fehler normalerweise, da sie gegenwirkend sind.

Schlußfolgernd aus dieser Betrachtung und den durchgeführten Messungen darf man annehmen, daß der durch das große Wirkungsvolumen der Neutronensonde verursachte Fehler bei den Bestimmungen des Bodenwassergehaltes vernachlässigbar klein ist.

Eingegangen am 24. 1. 1979

Literatur

[1] *C. H. M. van Bavel, E. E. Hood, N. Underwood,* Trans. Amer. Geophys. Union **35** (1954) 595

[2] *C. H. M. van Bavel, N. Underwood, R. S. Swanson,* Soil Sci. **82** (1956) 29

[3] *K. Unger,* Veröff. des Inst. f. Agrarmeteorologie der Karl Marx Univ., Leipzig 1963, Bd. II, H. 2, S. 99

[4] *P. Mortier, M. de Boodt, L. Leenher,* Z. f. Pflanzenern., Düngung u. Bodenkd. **87** (1959) 244

[5] *P. L. Ølgaard,* On the theory of the neutronic method for measuring the water content in soil. Risö Report No. 97, 1966, Risö, Dänemark

[6] *Y. Fudjioka, N. Yamada,* Trans. Jap. Soc. of Irrig., Drainage and Reclam. Eng., Tokio, **27** (1969) 33

[7] *N. A. Kolev,* In "Agrofizicni izsledvanija, T. 1, Sofia 1973, S. 175

[8] *N. A. Kolev, I. Sotirov,* In „Uredi za izmervane pocvenata vlaga i avtomatizacija na polivnija procces", Sofia 1976, S. 76

[9] *M. Visvalingham, J. D. Tandy,* J. Soil Sci. **23** (1972) 499

[10] *K. J. Kristensen,* Nordic Hydrol. **4** (1973) 77

[11] *Y. Barada,* In „Isotopes and Radiation in soil-plant nutrition studies", IARA, Vienna 1965, 109

[12] *C. H. M. van Bavel, G. B. Stirk,* J. Hydrol. **5** (1967) 40

[13] *V. V. Rogockij,* Trudy IEM, vyp. 29, 1971, 112

[14] *N. A. Kolev,* Theoretische Berechnung der Eichkurven von Neutronensonden mit hocheffektiven Zählrohren, Isotopenpraxis **15** (1979) 254

Production of Some Inorganic Forms of ^{35}S at the Boris Kidric Institute

M. Skakun-Todorović, S. Albahari, J. Vučina, T. Memedović, Č. Teofilovski

(Boris Kidrič Institute of Nuclear Sciences — Vinča)[1]

Some inorganic forms of ^{35}S are used as starting material for some chemical syntheses of labelled organic compounds. The choice depends on the desired characteristics of the labelled compound. Preparation of elementary sulphur ^{35}S, sodium sulphide-^{35}S, ferrous sulphide-^{35}S, barium sulphate-^{35}S, barium sulphide-^{35}S, is described. The characteristics of the products, along with determination methods, are given. The products are obtained with high specific activities: elementary sulphur-^{35}S, 1—5 Ci/g S; sodium sulphide-^{35}S 1—5 Ci/g S; ferrous sulphide-^{35}S, 1—5 Ci/g S; barium sulphate-^{35}S, 5—15 Ci/g S; barium sulphide-^{35}S, 1—5 Ci/g S.

(B13) INIS DESCRIPTORS:

barium sulfates; barium sulfides; chemical preparation; chemical reaction yield; iron sulfides; labelled compounds; radioactivity; radiometric analysis; sodium sulfides; sulfur; sulfur 35

Introduction

Simpler inorganic forms of sulphur-^{35}S are applied in industry, agriculture and research work and also they are used as the starting material for some syntheses of ^{35}S-labelled organic compounds. The methods of syntheses and analyses of ^{35}S, $Na_2{}^{35}S$, $Fe^{35}S$, $Ba^{35}SO_4$ and $Ba^{35}S$ are described in this work.

Several methods for the synthesis of *^{35}S-labelled elementary sulphur* are described in the literature [1—5]. We have chosen the method [4] which uses carrier-free sulphuric acid-^{35}S as the starting radioactive material. By certain modification of the apparatus we have developed the procedure [6] which is very reproductive and gives yield better than 95%. Also the obtained product is of high radiochemical purity.

Sulphuric acid-^{35}S was reduced with St.-Lorent's mixture (hydroiodic acid, formic acid and red phosphorus) [7—8] to hydrogen sulphide-^{35}S which was then introduced into sodium hydroxide solution under nitrogen stream. Alkaline solution of sulphide-^{35}S was oxidized by the mixture of potassium ferricyanide and potassium carbonate in the presence of benzene at $pH = 9$. By this operation we obtained ^{35}S-labelled elementary sulphur, which dissolved in benzene immediately, and another product of the reaction were insoluble. Traces of water were removed from this solution by azeotropic distillation and the crystalline sulphur-^{35}S was isolated by evaporation of benzene in slow stream of dry nitrogen.

$$H_2{}^{35}SO_4 + Na_2SO_4 \xrightarrow[HCOOH]{HI,\,P} H_2{}^{35}S \xrightarrow{NaOH} Na_2{}^{35}S \xrightarrow[K_2CO_3]{K_3Fe(CN)_6} {}^{35}S$$

Specific activity of ^{35}S-labelled elementary sulphur ranged from 1—5 Ci/g S in dependence on the starting radioactivity and the quantity of sodium sulphate used as a carrier. The method was adjusted for work with activities ranging from 1—5 Ci. The starting radioactive material produced in the Radioisotope Laboratory at the „Boris Kidric" Institute [9] was carrier-free sulphuric acid-^{35}S in the solution with the activity of 10 — 100 mCi/ml and with specific activity higher than 1000 mCi/mg^{35}S.

Sodium sulphide-^{35}S is most often obtained by evolution of hydrogen sulphide-^{35}S from alkaline sulphides-^{35}S and by absorption in a diluted solution of sodium hydroxide [11, 12]. Sulphuric acid-^{35}S is reduced quantitatively to hydrogen sulphide-^{35}S by the method for obtaining ^{35}S-labelled elementary sulphur-^{35}S. Therefore, sodium sulphide-^{35}S was obtained by introducing hydrogene sulphide-^{35}S in appropriate quantity of sodium hydroxide.

Specific activity of ^{35}S-labelled sodium sulphide was 1—5 Ci/gS.

Ferrous sulphide-^{35}S was obtained from elementary sulphur-^{35}S and metallic iron [13]. By heating this mixture in the stechiometric ratio, ferrous sulphide was formed in an vigorous reaction. The reaction was exotermic and lead to separation of one part of sulphur on the walls of the tube in which it was carried out by heating. The separated sulphur was again introduced in the reaction by additional thermic treatment in a closed system without air.

Chemical purity of ferrous sulphide was determined by chemical analysis of the content of sulphide form in $Fe^{35}S$ [13]. According to this method ferrous sulphide was decomposed with hydrochloric acid and released hydrogen sulphide was oxidized with iodine to sulphur. The solution of known concentration of iodine was used for oxidation and the excess of iodine was determined by titration with sodium thiosulphate. The content of sulphur was determined from the difference between the starting and residual iodine.

$$Fe^{35}S + 2\,HCl \rightarrow H_2{}^{35}S + FeCl_2$$
$$H_2{}^{35}S + I_2 \rightarrow {}^{35}S + 2\,HI$$

Ferrous sulphide-^{35}S was obtained in the yield of 95—98% and the content of pure ferrous sulphide-^{35}S was 90%.

Radioactivity of ferrous sulphide-^{35}S was calculated from the starting activity of elementary sulphur-^{35}S and from the content of sulphur in the obtained ferrous sulphide-^{35}S. The method was adjusted for work with activity ranging from 0.3—2 Ci. Specific activity of ferrous sulphide-^{35}S was 1—5 Ci/g S.

According to the literature [14]^{35} *S-labelled barium sulphate* can be obtained from ^{35}S-labelled sulphuric acid by precipitation with barium chloride in the presence of sodium sulphate as a carrier. Diluted reactants are used and precipitation is carried out at elevated temperature. Hydrochloric acid should also be present, as it inhibits coprecipitation and the precipitate can be filtrated more easily.

The amount of added carrier depends on the desired specific activity of $Ba^{35}SO_4$ which was, in this case, 5—15 Ci/g S.

Several methods for preparation of *^{35}S-labelled barium sulphide* was described in the literature [15, 16]. We have chosen the method [16] by which $Ba^{35}S$ is obtained by reduction of $Ba^{35}SO_4$ in a stream of carbon monoxide, as follows:

$$Ba^{35}SO_4 \xrightarrow[920-930\,°C]{CO(g)} Ba^{35}S$$

[1]) Adress: 11 001 Belgrade, P. O. B. 522, Yugoslavia

The yield of the reaction depends on the grain size of $Ba^{35}SO_4$, temperature, the admixture present in $Ba^{35}SO_4$, duration of the reduction, concentration of carbon monoxide and its flow rate.

Specific activity of $Ba^{35}S$ ranges from 1–5 Ci/g S.

Experimental

1. ^{35}*S-labelled elementary sulphur*

The synthesis of ^{35}S-labelled elementary sulphur was performed in the apparatus shown in Fig. 1. A solution of carrier-free sulphuric acid-^{35}S (1 Ci) and sodium sulphate (710 mg; 5 mmol), as a carrier, were placed in the flask A and concentrated to 1–2 ml. The flask was connected to the apparatus and the St. Lorant's mixture (2·5 g of red phosphorus, 16·5 ml of 57% hydroiodic acid and 12·5 ml of formic acid) was added for reduction.

In the washing-bottle B were put 2–3 ml of water to eliminate traces of HCl and HI and in the washing-bottle D 4–5 ml of 20% NaOH to retain possible traces of hydrogen sulphide-^{35}S; 50 ml of 0·3 N NaOH and several drops of thymol blue, to check *p*H, were placed in the flask C. Slow nitrogen stream, was passed first, through the flask A, washing-bottle B and then through the flask C were hydrogen sulphide-^{35}S was absorbed in sodium hydroxide solution. The flask A was heated to 90 °C and then the temperature was raised to 150 °C during 4 hours. When the flask A was cooled to room temperature, 50 ml of benzene was added in the flask C through the funnel D and *p*H of the solution was adjusted to *p*H = 9 by adding 1 N HCl and by stirring with a magnetic stirrer. The oxidation solution (3·75 g $K_3Fe(CN)_6$ and 0·85 g K_2CO_3 in 50 ml of water) was added dropwise, by stirring the reaction mixture vigorously. After addition of the oxidation solution, stirring was continued for another 15 minutes and the reaction mixture was then poured in a separatory funnel. The benzene layer was washed with water and filtered. The benzene and traces of water were removed by azeotropic distillation. Residue of about 20 ml of benzene was evaporated under a slow nitrogen stream until cristalline sulphur remained. Chemical and radiochemical yields were almost quantitative.

Radioactivity was measured from a solution obtained by oxidation of elementary sulphur-^{35}S quantitatively to the form of sulphate-^{35}S [10]. About 10 mg of elementary sulphur-^{35}S were dissolved in 0·5–1 ml of 15% Na_2S solution by heating to boiling. The solution was then diluted with 50–60 ml of water, slowly 5–7% H_2O_2 was added and heated to boiling.

2. ^{35}*S-labelled sodium sulphide*

Synthesis of sodium sulphide-^{35}S was carried out in the apparatus similar to that for the synthesis of elementary sulphur-^{35}S (Fig. 1). The apparatus was composed of the flask A, condenser F, washing-botle B to which other five washing-bottles were connected. The second and third washing-bottles contained 90% and 10% theoretical necessary quantitty of NaOH, respectively, for absorption of $H_2{}^{35}S$ released from the starting quantity of $H_2{}^{35}SO_4$ and Na_2SO_4.

Required quantities of $H_2{}^{35}SO_4$ (1–5 Ci) and Na_2SO_4 were placed in the flask A together with St. Lorant's mixture for reduction. A nitrogen stream was first allowed through the apparatus and the reaction m ixture was then heated as described by the synthesis of elementary sulphur-^{35}S. Washing-bottles with NaOH solution were cooled in the ice-bath. When heating was finished, solution of $Na_2{}^{35}S$ from the washing-bottles were poured in a volumetric flasks where from they were used for measurements of radioactivity and distribution.

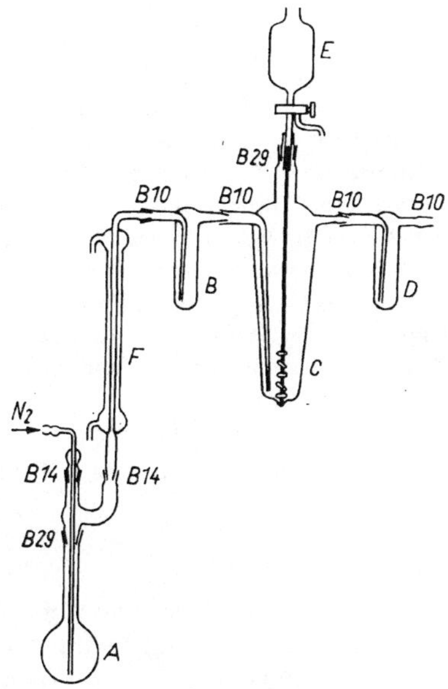

Fig. 1. Apparatus for the preparation of elementary sulphur-^{35}S

Radioactivity measurement was carried out in the same way as by elementary sulphur-^{35}S.

3. ^{35}*S-labelled ferrous sulphide*

The mixture of metallic iron in powder (0·501 g; 8·97 mg atom) and elementary sulphur-^{35}S (0·287 g; 8·95 mg atom) with the activity of 1 Ci, previously homogenized, was placed in a "Pyrex" tube (∅ 6–8 mm, 300 mm long). The content of the tube was washed with dry nitrogen for 5 minutes and the tube was then closed with a cork stopper. The bottom of the tube was carefully heated with flame to the start of reaction the reaction was egzotermic and lead to sublimation of one part of sulphur on the walls on the tube. The upper end of the tube was drawn in flame to a stout capillary, evacuated in vacuum (14–16 mm Hg) and sealed. The sealed tube was placed in another protective, wider "Pyrex" tube and heated in a furnace at the temperature of 570–590 °C for 1 hour. Complete binding of sulphur and its homogeneous disposition in ferrous sulphide-^{35}S were achieved in this way.

3.1. Determination of the sulphide form content in $Fe^{35}S$. For analysis of the content of sulphide form 15–20 mg $Fe^{35}S$ were used. The apparatus for analysis is shown in Fig. 2.

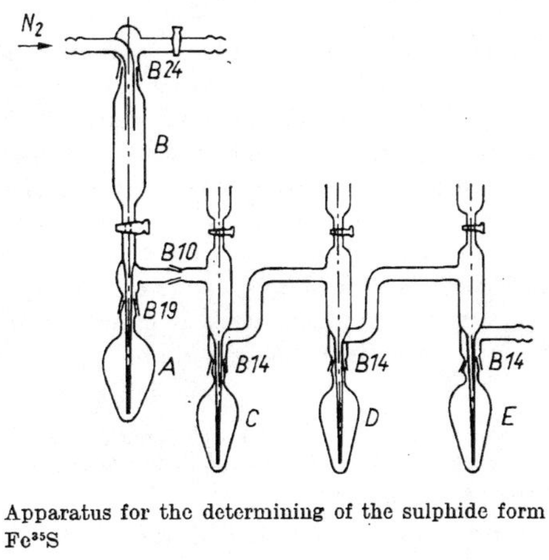

Fig. 2. Apparatus for the determining of the sulphide form content in $Fe^{35}S$

The weighed sample was placed in the flask A. In each absorption flask C and D, were dispensed 10 ml of 0·1 N iodine for absorption of hydrogen sulphide, and in the flask E 5 ml of 20% KI, for the absorption of iodine vapours which can be released from iodide solutions in the flasks C and D. Nitrogen stream was allowed to pass through the whole system, 10 ml of HCl (1:1) were dropped slowly through the funnel B. The bottom of the flask A was carefully warmed with flame to boiling of the content which was then continued during 10—15 minutes. After the $Fe^{35}S$ had been completely destroyed the nitrogen stream was stopped and the flasks for the absorption separated from the system. The solution from the flasks C, D and E were quantitatively transfered into a volumetric flask, and titrated with 0·05 N of sodium thiosulphate solution.

The content of pure ^{35}S-labelled FeS in synthetic $Fe^{35}S$ was 90—95%.

4. ^{35}S-labelled barium sulphate

The precipitation was carried out at 95—100 °C by adding barium chloride solution into the solution of $H_2{}^{35}SO_4$ and Na_2SO_4. The concentrations of sodium sulphate and barium chloride in the final volume were 0·01—0·02 N and 0·06—0·08 N, respectively. Hydrochloric acid concentration was 0·05 N. The precipitate was held at about 70 °C for a few hours or better overnight at room temperature. It was then filtered, chloride ion was washed out and the precipitate heated at 400 °C for 2 hours.

5. ^{35}S-labelled barium sulphide

Reduction was carried out in a metallic glove box. The carbon monoxide stream, evolved by the action of formic acid on sulphuric acid at 70—80 °C, was passed through the washing bottle with solid NaOH and conc. H_2SO_4 · $Ba^{35}SO_4$ was spread in a quartz boat and placed in the quartz tube, preheated at 920—930 °C. Constant carbon monoxide stream was passed through the tube for 30 minutes.

The yield was estimated by determination of sulphide form content in $Ba^{35}S$ in the same way as by $Fe^{35}S$. We obtained barium sulphide-^{35}S in the yield of 70—80%.

Received January 24, 1979

References

[1] *Yu. V. Markova, A. M. Pozharskaya, V. I. ¹Maimind, T. F. Zhukova, N. A. Kosolapova, M. N. Shchukina,* Dokl. Akad. Nauk SSSR **91** (1953) 1129
[2] *C. Suárez,* Int. J. Appl. Radiat. Isotopes **17** (1966) 77
[3] *M. Kucharski, R. Plejewski,* Kernenergie **7** (1964) 41
[4] *H. L. Otto, M. Winand,* Int. J. Appl. Radiat. Isotopes **10** (1961) 130
[5] *J. L. Wood, J. R. Rachele, C. M. Stevens, H. H. Carpenter, V. du Vigneaud,* J. Am. Chem. Soc. **70** (1948) 2547
[6] *V. Jezdić,* Unpublished dates
[7] *G. W. Kilmer, V. du Vigneaud,* J. Biol. Chem. **154** (1944) 247
[8] *I. St. Lorant,* Z. Physiol. Chem. **85** (1929) 245
[9] *S. Milenković, Č. Teofilovski, Z. Dizdar, Lj. Birčanin,* Bull. Inst. Nucl. Sci. „Boris Kidrič" **12** (1961) 89
[10] *V. V. Bočkarev,* Methody poluchenya i izmerenya radioactivnyh preparatov, Atomizdat, Moskow 1960, p. 290
[11] *J. Cifka.* Int. J. Appl. Radiat. Isotopes **14** (1963) 174
[12] *W. Bills, A. R. Ronzio,* J. Am. Chem. Soc. **72** (1950) 5510
[13] *V. V. Bočkarev,* Metody poluchenya i izmerenya radioactivnyh preparatov Atomizdat, Moskow 1960, 0p. 43, 51
[14] *J. M. Kolthoff, E. B. Sandell,* Textbook of Quantitative Inorganic Analysis., The Macmillan Company, New York 1945, p. 302
[15] *J. Bell, K. A. Macdonald,* J. Chem. Soc. (1951) 1930
[16] *L. Eldjarn,* Acta Chem. Scand. **7** (1953) 343

Application of Radioactive Tracers to Some Processes on a Large Scale*

A. G. Chmielewski, A. Selecki

(Institute of Chemical Engineering, Warsaw Technical University)[1])

Methods of using the radioactive tracers for study of processes running in a big industrial scale, and methods of results interpretation are discussed. Investigations carried out for a wastewater treatment plant, a phosphoric acid production plant, and a steam calciner are presented.

(D24) INIS DESCRIPTORS:

bromine 82; chemical industry; chromium 51; flow models; flow rate; fluid flow; iodine 131; labelled compounds; lanthanum 140; liquid wastes; mixing; phosphorus 32; sewage sludge; tracer techniques; waste processing; water

Phenomena connected with the flow and the mixing play a very important role in the work on continuous chemical reactors and on other continuous flow vessels. Neat mathematical methods exist to describe and to analyse such systems [1—3]. However these methods need some information which can be obtained by an experiment only; often by using suitable tracers. It is easy to chose them if the investigations are carried out on a laboratory scale. In a model system simple tracers as dissolved salts used in conjunction with conductometric analysis or dyes used in conjunction with colorimetric analysis can be applied.

There is no analytical problem in analysing the tracer concentration in binary mixtures where pure water is often one of the components. The problem is much more complicated if a multicomponent mixture flows are used, and these components differ in chemical and physical forms. We often deal with such systems in processes running on a large industrial scale. Furthermore frequent changes in the composition and the occurance of contaminations cause additional difficulties. Simple laboratory methods are usually useless, and radioactive tracers are often essential.

In our Institute radiotracer methods are mainly used to investigate the flow dynamics and the mixing.

These problems are very important ones in the chemical and process engineering. Several such investigations were carried out for processes running on a large industrial scale [4—10].

*) This is a part of a paper presented at the 6th International Congress of Chemical Engineering, Chemical Equipment Design and Automation, CHISA 78, Praha, Czechoslovakia.

[1]) Address: Waryńskiego 1, 00-645 Warsaw, Poland

Radioactive tracer used in such research should be chosen very carefully. Its activity and type (half-life period, quantum energy, radiotoxicity etc.) are selected by taking into account radiological hazard and requirements for detection. Furthermore the tracer should have specific physical and chemical properties.

To illustrate the method we have chosen to describe in this paper investigations on a waste water treatment plant, a phosphoric acid production plant, and a steam calciner.

Investigation of the waste water treatment plant

The radioactive tracers are an especially useful tool for a study of the flow dynamics and the mixing in the waste water treatment plant equipment. Our work previously described [7—10] was concerned with a plant used for biological treatment. The flow rate was relatively large (700 m³/h).

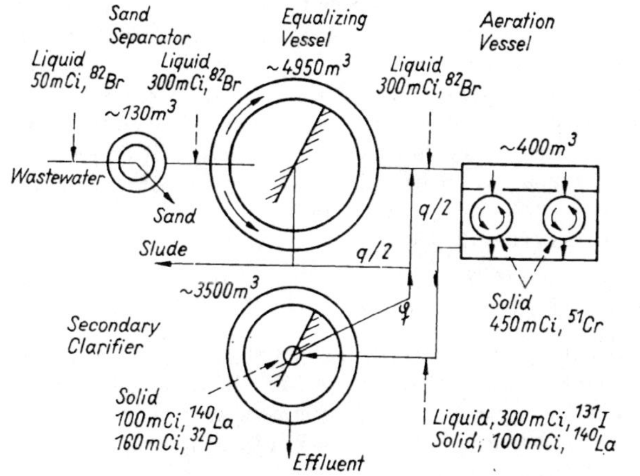

Fig. 1. Scheme of the investigated waste water treatment plant

The plant consisted of a sand separator, a primary clarifier (working as an equalizing tank), an aeration vessel, and a secondary clarifier (Fig. 1). The following problems were the subjects of the research:

a) the active volume of the sand separator
b) the structure of the liquid flow in the primary and secondary clarifiers and the aeration vessel
c) mixing of suspensed biological flocks in the aeration vessel
d) structure of the biological flocks flow and the movement of bottom sediment in the secondary clarifier

Radioisotope ^{82}Br in the form of potassium bromide was chosen as the tracer for the liquid phase. Inactive salt was first injected to the stream to prevent adsorption. Bromium-82 was generally used in liquid flow investigations. However, in the work on secondary clarifiers when lanthanium (^{140}La) for sediment labelling was required we applied ^{131}J in the form of potassium iodide. Some detection difficulties were experiences because of the closeness of radiation spectra of ^{82}Br and ^{140}La.

Each vessel was investigated separately, and the impulse method of the injection to the inlet stream was applied. Dynamic characteristic of each specific vessel was expressed by an impulse responce function in which the impulse was a *Dirac* δ-function. Fig. 2a, 2b, 2c, and 2d represent impulse response functions (graphs $N(t)$) for each investigated unit. The graphs were obtained from counting rates on counters connected to scintillation detectors placed in the outlet streams of respective units. The radioisotope decay was taken into account.

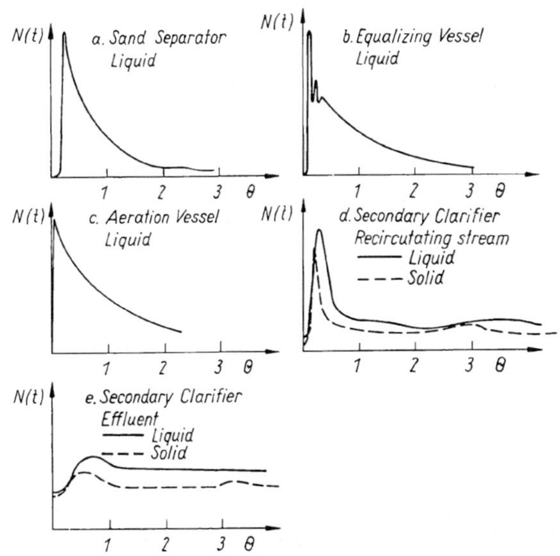

Fig. 2. Graphs shown changes of concentration $N(t)$ of the tracer as a function of dimensionless time θ for outlet streams

The C- and E-function can now be derived directly from the curves $N(t)$ because N is strictly proportional to the tracer concentration. On these bases the avarage residence time τ_r was calculated.

The function $N(t) = C(t)$ were represented in dimensionless coordinates and the function $N(\theta)$ was transformed in to the F function.

For the case of perfect mixing:

$$F = 1 - e^{-\frac{t}{\tau_r}} \tag{1}$$

In semilogarithmic coordinates we obtain a straight line as:

$$\ln(1 - F) = -\frac{t}{\tau_r} \tag{2}$$

and the average residence time τ_r can be fixed graphically. When the plug flow occurs in the vessel the equation (1) should be presented in the form:

$$F \begin{cases} 0 \quad \text{for} \quad t \in (0, t_0) \\ A \quad \exp \quad a\left(-\dfrac{t - t_0}{r}\right) \quad \text{for} \quad t > t_0 \end{cases} \tag{3}$$

and a graphical method may also be adopted. The differences in values obtained by these two methods did not exceed 5% in our case. The comparison of the fixed residence time τ_r with the residence time τ_p, calculated from the flow rate q and the vessel volume V:

$$\tau_p = \frac{V}{q} \tag{4}$$

gives information on the dead space volume V_d.

Then the vessel live-flow region (V_1) can be approximated by one perfectly-mixed (V_i) and one plug-flow (V_p) unit in the series. Therefore the F function is:

$$F = 1 - \frac{V_1}{V_i} \exp\left[-\frac{V}{V_i}\left(\theta - \frac{V_p}{V_1}\right)\right] \tag{5}$$

and values V_i, and $V_p (V_1 = V_i + V_p)$ can be calculated. The above problem which has been considered by means of the above

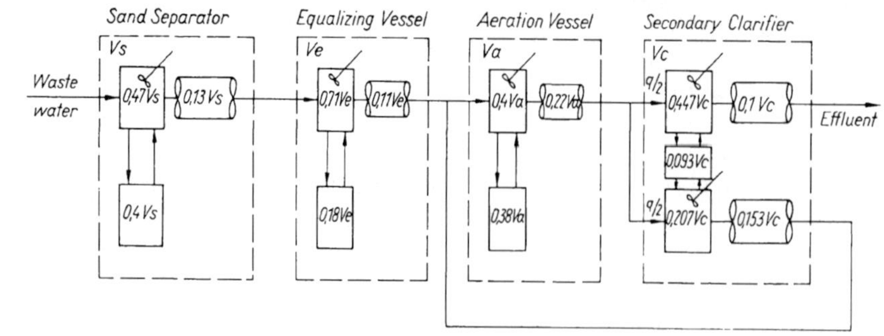

Fig. 3. Schematic dyanmic model of the investigated waste water treatment plant

equations can also be treated by the simple *Danckwerts*' method [11, 12].

As a measure of deviation from the perfect mixing the conception of holdup and segregation can be used. These terms are strictly connected with the F-curve. The holdup is defined by formula:

$$H = \tau_r \int_{\theta=0}^{\theta=1} F d\theta \tag{6}$$

This means that the holdup H is equal to the area below the F-curve in the interval $0 < \theta < 1$. The holdup value is equal to zero for the plug flow and is equal to $H = 1/e$ for perfect mixing. In the case of the apperance of the dead space $H \nearrow 1$. A big holdup value shows that large part of a reactor has been occupied by material which has already reacted. At the same time some reagents flow through the reactor by a short circut.

The segregation S is the mixing efficiency measure and its value can be obtained as an area between the experimental F-curve and the F-curve for the perfect mixing. The procedure is given in cited papers [11, 12]. The segregation S is equal to 1/e for the plug flow and $S \searrow -1$ for the case when a bigger part of the vessel is occupied by the dead space.

Fig. 3 shows schematically a model of a waste water treatment plant based on our calculations.

An especially big dead space appeared in the sand separator (40%). The examination of the apparatus showed that this was caused by a defective sand evacuating injector. There were no further problems after it had been repaired.

No less important point was the issue related with solid mixing and movement in the aeration vessel and in the secondary claifier. Chromium-51 (450 mCi) was applied as the tracer for sludge mixing investigations in the aeration vessel. Model solid was obtained by chromium and iron hydroxide coprecipitation. Physical properties, both in biological and chemical flocks, were very similar, mainly the sedimentation time. A sample of such sludge was deposited on the areation vessel bottom. Activity changes were registred by means of scintillation counters. The counters were placed in different areas of the tank. The γ quanta emitted by ^{51}Cr have an energy which is relatively small. Because of the small range in water the effective collective volume was assumed to a sphere of 50 cm. The considerations from these experiments lead us to conclude that there is no sediment layer on the bottom. Model sludge particles had been distributed well in the full vessel volume in fourteen minutes from the mixing start.

Two different methods were applied in investigations of the sediment behaviour in the secondary clarifier. The ^{140}La traced sample (100 mCi) was used in the first experiment. Lanthanium and iron hydroxide were coprecipitated and sample was added to the inlet stream. Sedimentation times of these solid and biological flocks were very similar. The ^{131}J sample (KJ, 300 mCi) was added simultaneously with ^{140}La to trace the liquid. The activity measurements of the outflowing stream were performed by using a multichannel analyser. It was confirmed that the mean residence time for sludge particles flowing in the recirculation stream was 1·5 times shorter than the mean residence time for liquid which was connected with the sludge sedimentation. The analysis of the E-curve lead to the conclusion that only 15% of sludge was retained in the clarifier longer than 4 hours (period of the biological activity).

The general flow model for liquid is shown in the portion of Fig. 3 designed as secondary clarifier.

In another method the sludge movement trajectory caused by the scraper was studied. Tracered model sludge was deposited at the external clarifier circumference and its movement was followed means by of GM counters fixed on the scraper.

Two types of tracers were used. First ^{140}La (100 mCi) in similar form as was used for the flow experiment. In another experiment biological microbes were fed by sodium orthophosphate (^{32}P, 160 mCi) continuously during a period of 12 hours. Then sediment filtration was carried out and the sample was washed. Prepared this way sludge does not excrete phosphate during the time interval needed for an experiment.

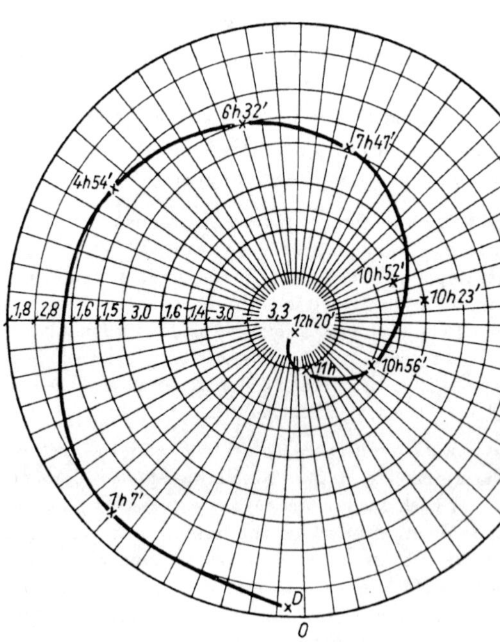

Fig. 4. Track of radioactivity maximum as a function of time in polar coordinates

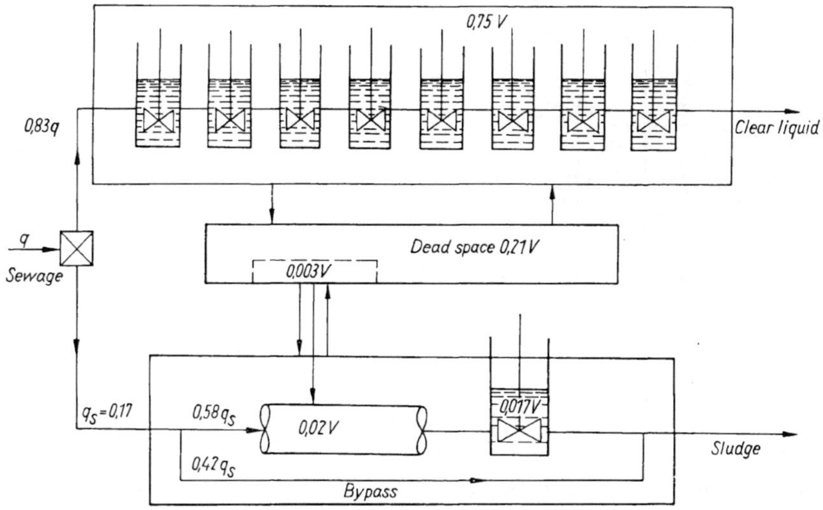

Fig. 5. Schematic dynamic model of the investigated Dorr type clarifier

Fig. 4 shows similar results obtained for both tracers. The maximum activity reached the sludge discharge inlet after 12 hours. The sludge particle velocity was equal to 1 cm/min at points situated 17 meters from the clarifier axis, and it increased to 17 cm/min at 7 meters. One full scraper cycle caused a 55 centimeter radial shift at the first position and a 175 cm radial shift in the second.

A model proposed by *Wolf* an *Resnick* [13] was used to describe an another *Dorr* type clarifier [4]. According to this model, fraction (d) of the system volume is considered to be the dead volume. Meanwhile, the material flows through the live region represented by fraction (1—d) of the full volume. Then the material moves in the plug flow through (p) fraction of the effective volume. Therefore (1—f) fraction of the stream flows through the perfectly mixid live region, whereas the fraction (f) shortcircuits this section. The response lag (L) is possible, too. According to this model, the F-curve can be described as:

$$F(t) = 1 - \exp\left\{-\frac{(1-f)}{ar(1-d)\tau_r} \times \left[t - L - \frac{p(1-d)\,r\tau_r}{(1-f)} + mar(1-d)\right]\right\};$$

$$F(t) \geqq 0 \tag{7}$$

or more simply:

$$F(t) = 1 - \exp - \left[\eta \frac{t-\varepsilon}{\tau_r}\right]; \quad F(t) \geqq 0 \tag{8}$$

Values of η and ε/τ_r for some models are summarized in the mentioned work [13].

The investigated clarifier volume in our experiments is 1500 m³. To the clarifier inflowed waste water 450 m³/h, and outflowed effluent is 375 m³/h, the flow of the sludge is 75 m³/h.

^{24}Na (NaCl, 60 mCi) was used as the tracer for liquid, and ^{82}Br (AgBr precipitated on the sludge sample, 100 mCi) was used as tracer for sludge.

The *F*-function for the effluent stream is described as:

$$F = 1 - \exp(-8\theta)\left\{1 + 8\theta + \frac{1}{2}(8\,\theta)^2 + \frac{1}{6}(8\theta)^3 + \frac{1}{24}(8\theta)^4 + \frac{1}{120}(8\theta)^5 + \frac{1}{720}(8\theta)^6 + \frac{1}{5040}(8\theta)^7\right\} \tag{9}$$

and the *F*-function for sewage by the *Cholette-Cloutier* model was expressed as:

$$F = \begin{cases} \dfrac{q_b}{q} & \text{for } 0 \leqq t \leqq t_0 \\ 1 - \dfrac{q_b}{q}\exp\left[-\dfrac{q_b V}{q V_i}\left(\theta - \dfrac{V_p}{V}\dfrac{q}{q_b}\right)\right] & \text{for } t \geqq t_0 \end{cases} \tag{10}$$

in our case:

$$F = \begin{cases} 0{\cdot}425 & \text{for } 0 \leqq \theta \leqq 0{\cdot}9 \\ 1 - 0{\cdot}575\exp[-1{\cdot}22(\theta - 0{\cdot}878)] & \text{for } \theta \geqq 0{\cdot}9 \end{cases} \tag{11}$$

Results obtained are presented graphically in Fig. 5.

Investigations of the phosphoric acid production plant

The investigated plant consists of four recators (each volume of 150 m³) in series. The flow rate through the cascade was 1000 m³/h. The perviously discussed impulse response method of the tracer injection was applied. ^{24}Na (NaCl, 60 mCi) was used us a tracer in cascade flow dynamics investigations. ^{82}Br (KBr, 50 mCi in each case) was used for study of sulfuric acid flow structure in the first reactor.

Fig. 6 presents the plant scheme with marked points of sulphuric acid inlets. Response F-function curves are shown in Figure 7.

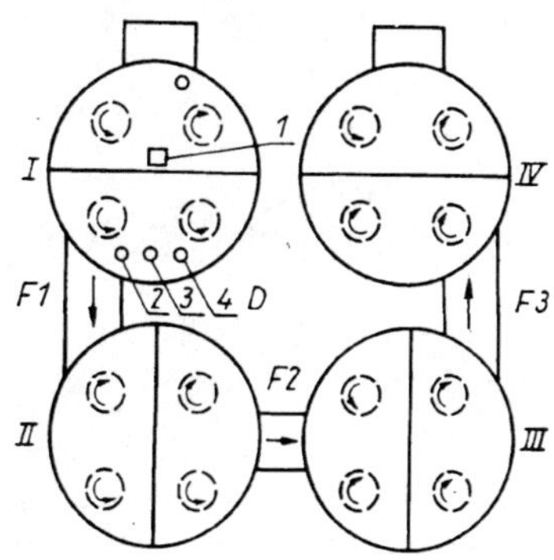

Fig. 6. Scheme of the phosphoric acid production plant
1 – recirculating stream inlet; 2, 3, 4 – points of sulphuric acid inlets, and points of tracer injection (*D*); *F* 1, 2, 3, 4 – detector points.

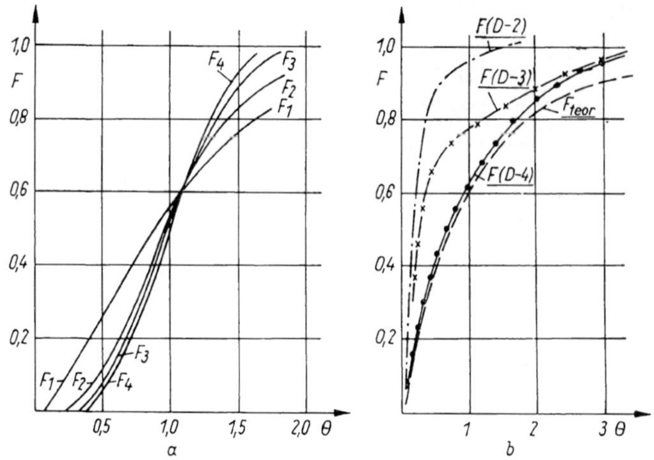

Fig. 7. Graph showing the impulse response function F for the investigated cascade.
a – for points F 1, 2, 3, 4 (injection in point D 1); b – for point F 1 (injection in points D 2, 3, 4)

The F-curve analyse leads us to conclude that the sulphuric acid added by inlet no 4 is mixed well only. In other cases a very poor mixing causes the occurreance of local SO_4^{2-} ion supersaturation. Therefore small gypsum crystals difficult to filtrate are formed. The sulphuric acid inlet had been redesigned.

Investigations of the steam calciner

The investigated calciner consists of a drum 3 m in diameter and 30 m long. Inside the drum three clusters of steel pipes are heated by steam to 270 °C. The calciner rotation frequency is 6·34 cpm. Its soda yield is 20 t/h.

$^{24}Na(Na_2CO_3$, 20 mCi) was used as the tracer. Cooled scintillation counters were placed along the calciner at 1,5·5, 10, 15, 20, and 29·5 m. The changes of the activity obtained by means of these counters are shown in Fig. 8.

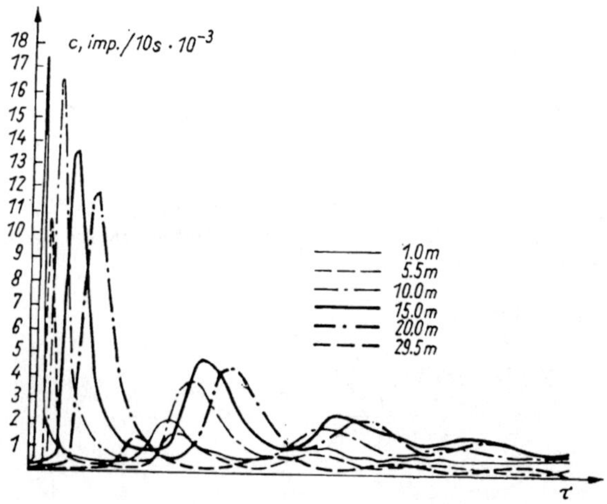

Fig. 8. Changes of tracer concentration obtained by counters placed along the calciner as a function of time

The diffusion model was used in mathematical description of mixing coefficients considering the reactor as quasi-homogeneous. At the most appropriate model we consider the superposition of the plug flow and longitudinal diffusion [5, 6]. Boundary conditious for the analytical model are presented in Fig. 9.

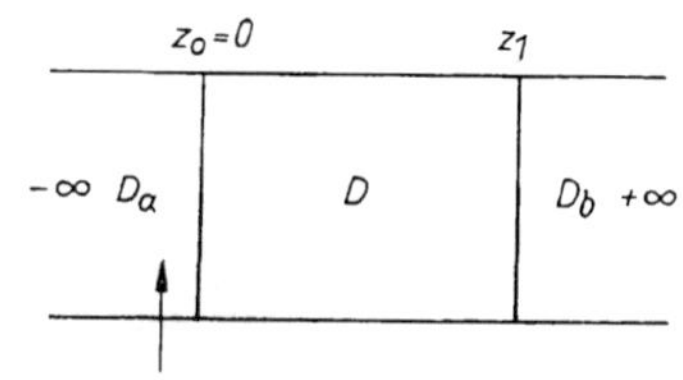

Fig. 9. Boundary conditions for the analytical model

The finite pipe section 1 through which material flows is under consideration here. The section is limited by fore section ($+\infty$) from one side and by after section ($-\infty$) from another.

Diffusion coefficients D_a, D_b and D are distinguished respectively. The applied impulse injection function was described by means of *Dirac* δ-function. The interesting processes on the basis of *Danckwerts* [11] and *Wehner's* [14] considerations can be described using dimensionless variables as:

$$\left(\frac{\partial}{\partial\tau} + \frac{\partial}{\partial z} - \frac{1}{Pe_a}\frac{\partial^2}{\partial z^2}\right) R_a = 0 \qquad z \leq 0 \tag{12}$$

$$\left(\frac{\partial}{\partial\tau} + \frac{\partial}{\partial z} - \frac{1}{Pe}\frac{\partial^2}{\partial z^2}\right) R = 0 \qquad 0 \leq z \leq z_1 \tag{13}$$

$$\left(\frac{\partial}{\partial\tau} + \frac{\partial}{\partial z} - \frac{1}{Pe_b}\frac{\partial^2}{\partial z^2}\right) R_b = 0 \qquad z \leq z_1 \tag{14}$$

with boundary conditions:

$$R_a = R_b = R = 0 \quad \text{at} \quad \tau = 0 \tag{15}$$

$$R(-\infty) = \text{finite} \tag{16}$$

$$R_b(+\infty) = \text{finite} \tag{17}$$

$$R_a(z_0) = R_b \tag{18}$$

from the mass conservation principle:

$$R_a(0^-) - \frac{1}{Pe_a}\frac{\partial R_a}{\partial z}(0^-) = R(0^+) - \frac{1}{Pe}\frac{\partial R}{\partial z}(0^+) \tag{19}$$

$$R(z_1) - \frac{1}{Pe}\frac{\partial R}{\partial z}(z_1^-) = R(z_1^+) - \frac{1}{Pe_b}\frac{\partial R_b}{\partial z}(z_1^+) \tag{20}$$

and from the function continuity:

$$R_a(0^-) = R(0^+) \tag{21}$$

$$R(z_1^-) = R_b(z_1^+) \tag{22}$$

The solution of the above equations is obtained by using the Laplace transform:

$$\overline{R}(p) = \int_0^\infty e^{-p} R(\tau)\, d\tau \tag{23}$$

The problem was solved by *Van Der Lean* [15] by means of variance given by:

$$\sigma = \left.\frac{d^2\overline{R}}{dp^2}\right|_{p\to 0} - \left.\left(\frac{d\overline{R}}{dp}\right)^2\right|_{p\to 0} \tag{24}$$

The final problem solution showing the interdependence between variance of the tracer curve mesaurement point as a function of the *Peclet* number ist:

$$\sigma^2 = \frac{2}{Pe} + \frac{3}{Pe^2} \tag{25}$$

Variance can be calculated conveniently by the *Sakata*'s method [16] from curves obtained experimentaly. Radial dispersion coefficients can by obtained using the definition of the *Peclet* number:

$$Pe = \frac{u\,l}{D} \tag{26}$$

Fig. 10 shows two graphs representing the dependence between the material velocity u and mixing coefficient D, and the calciner length l.

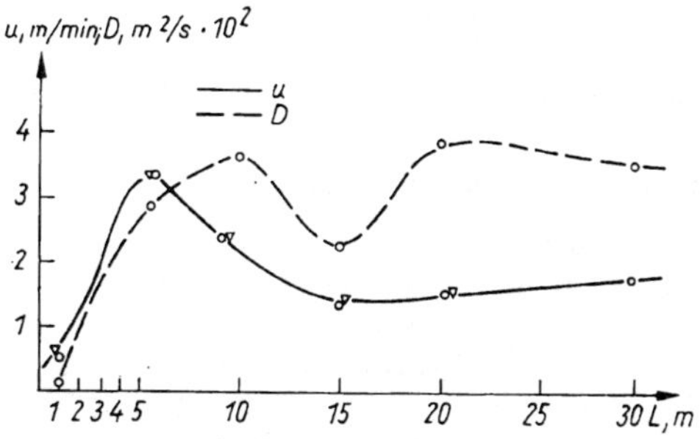

Fig. 10. Mixing coefficients and material velocity as a calciner lengh function

From the distribution of mixing coefficient values two zones can be distinguished. The first dessication zone is about 15 m long. In this zone water evaporation is intensive and mixing coefficients are high. However due to dessication the temperatures are low and decalcination is slow. Fluidization stops for the moment when material is dry (minimum on $D = f(L)$ curve). Then the material temperature arises and fluidization as a result of calcination starts again at 16·5 m from the inlet. Mean residence time is 8·8 minutes for the first zone and 9·5 minutes for the second.

The obtained results were used in automatization of the calciner.

Conclusions

The examples discussed above showed that several industrial problems can be solved by using suitable radioisotope methods, a description of such methods has been provided. These methods give information necessary for obtaining mathematical models of systems. It is believed that the the utilization of the discussed method in process engineering should be developed.

Received March 7, 1979

Notation

- a — perfect mixed volum fraction
- C, E, F, N — residence time distribution functions
- d — dead space volume fraction
- D — diffusion coefficient
- f — fraction of material that moves with infinite velocity
- H — holdup
- l — length
- L — lag
- m — lag factor
- p — plug flow volume fraction
- q — volumetric flow
- r — residence time correction factor
- S — segregation
- t — time
- u — velocity
- v — volume
- x — distance from entrance of finite tube

Dimensionless Numbers

$Pe = \frac{uD}{l}$ — Peclet number

$R = \frac{cq}{v}$ — normalized concentration of tracer

$z = \frac{x}{x_m - x_n}$ — reduced distance from entrance of finite tube

Greek letters

- τ_r — mean residence time, experimental
- τ_p — mean residence time, calculated
- θ — time, dimensionless
- η — system phase shift
- ε — coefficient of exponent
- σ — variance

References

[1] *D. H. Himmelblau, K. B. Bischoff*, „Process Analysis and Simulation", J. Wiley, N. Y., 1968
[2] *O. Levenspiel*, „Chemical Reaction Enginnering", J. Wiley, N.Y., 1965
[3] *K. B. Bischoff, O. Levenspiel*, Chem. Eng. Sc., 17 (1962) 245
[4] *A. Selecki, K. Zwoliński, A. G. Chmielewski* et al., Chem.-Ing.-Techn., 49 (1977) 67
[5] *A. Selecki, L. Gradon, A. G. Chmielewski* et al., Khim. Prom., 4 (1977) 57
[6] *A. Selecki, L. Gradon, A. G. Chmielewski* et al., Reports Inst. Chem. Eng. Wars. Techn. Univ., 4 (1975) 13
[7] *A. Selecki, A. G. Chmielewski, K. Zwolinski* et al., Reports Inst. Chem. Eng. Wars. Techn. Univ., 5 (1976) 51
[8] *A. G. Chmielewski, A. Selecki, J. Palige, Z. Bazaniak*, Reports Inst. Chem. Eng. Wars. Techn. Univ., 6 (1977) 67
[9] *A. G. Chmielewski, A. Selecki, W. Pilacinski* et al., Reports Inst. Chem. Eng. Wars. Techn. Univ., 5 (1976) 209
[10] *A. Selecki, A. G. Chmielewski, R. Marcinkowski* et al., Reports Inst. Chem. Eng. Wars. Techn. Univ., 7 (1978) 155
[11] *P. V. Danckwerts*, Chem. Eng. Sc., 2 (1953) 1
[12] *P. V. Danckwerts, I. W. Jenkis, G. Place*, Chem. Eng. Sc., 3 (1954) 26
[13] *P. Wolf, W. Resnick*, Ind. Eng. Chem. Fund, 2 (1963) 287
[14] *J. F. Wehner, R. H. Wilhelm*, Chem. Eng. Sci., 7 (1956) 89
[15] *E. Van Der Laan*, Chem. Eng. Sci., 7 (1958) 187
[16] *M. Sakata*, Chem. Eng. Progr., 62 (1966) 98

Optimization of Total Thyroxine Radioimmunoassay in Unextracted Serum by Dextran Charcoal

Y. M. Megahed, G. A. Ziada, M. M. Mahfouz, M. Abdel-Razak, S. E. El-Hadad

(Radioisotope Dept. A. E. E., Cairo & Nucl. Med. Dept. Faculty of Medicine, Cairo University, Biochemistry Dept., Faculty of Science, Kuwait University)

Specific method for accurate radioimmunoassay of free and total thyroxine in un-extracted serum has been developed. The method is used for estimation of either free thyroxine (T_4) or total T_4 by inhibition of the binding sites of T_4 to protein using TCA/NaOH mixture. The antibodies used in this study were obtained from Mallinkrodt. The separation technique used in our modification is that of dextran charcoal, this is to absorb the free fractions on charcoal.
The kinetics of antibody antigen combination, the parameters of the experiment like; charcoal concentration, antibody dilution, temp., time of incubation and radioactivity concentration were studied to optimize the standard curve and the sensitivity of T_4RIA.
Serum samples of different thyroid cases were investigated for determination of free and total T_4 concentration to get the levels for each group of which 50 normals, 57 hyperthyroidism and 21 hypothyroidism in comparison with the classical tests of thyroid functions. Also sensitivity and variance coefficient has been carried out in comparison with other T_4RIA techniques.

(C45; C62) INIS DESCRIPTORS:

blood serum; charcoal; comparative evaluations; dextran; diagnosis; hyperthyroidism; hypothyroidism; iodine 125; optimization; patients; radioimmunoassay; radiopharmaceuticals; sensitivity; thyroxine

One of the most essential problems tackled today in endocrinology is disorders and diagnosis with direct estimation of thyroid hormones. This is to evaluate a more clear answer and good diagnosis for thyroid disfunction.

Radioisotopes and labelled compounds application in biochemistry and related procedures for the measurement of hormones have undergone important technical improvement in the recent years.

The soundness of the general principle involving radioimmunoassay techniques in hormonal assay has been confirmed by many workers [1, 5, 15].

The development of a sensitive, accurate simplified and economic radioimmunoassay technique for free and total thyroxine concentrations in unextracted serum is the aim of this study. In the meantime to apply a good chemical blocking agent to dissociate thyroxine as a free from endogenous binding thyroxine without interference in protein structure.

Experimental

Materials

1. L-thyroxine standard in human serum free hormone of nominally 0, 1, 5, 12 and 22·5 μg thyroxine — ml from Sigma Chemical Corp.
2. Serum antibody solution for L-thyroxine was obtained from Mallinkrodt which was diluted to obtain the necessary dilution.
3. Labelled hormone tracers as a ^{125}I-L-T_4 from Amersham U. K., was diluted in barbital buffer to be used for this study.
4. Materials used for separation of bound-free fractions were:
   a) Gel adsorption obtained from Amersham U. K. (*Harber* et al. [9] 1965)
   b) Dextran coated charcoal suspension prepared by mixing 2·5 gm of charcoal-dextran (10% dextran) in 500 ml H_2O. (*Brown* [3] et al. 1970).
   c) Anion exchange resin was prepared from Amberlite CG-400 (*Frenkel* [8] et al. 1966).
   d) Solid phase technique [4].

Inhibition of protein binding (TBG)

Dissociation of thyroxine from endogenous thyroxine binding globulin has been carried out using TBG chemical blocking agent. (TCA/NaOH) [2, 14] mixture instead of 8-anilino-1-naphtaline sulphonic acid (ANS). This has been carried out by adding 0·1 ml of working solution of TCA/NaOH to 0·05 ml standard T_4 or unknown serum samples for 1—2 min.

L-Thyroxine Radioimmunoassay

A. *Total thyroxine estimation.* Total L-thyroxine radioimmunoassay has been carried out applying the thyroxine radioimmunoassay kit of Amersham, U. K. [16] with some modfication as follows:

1. Set up polystyrene tubes containing 50 μl (0·05 ml) of T_4 standards (0·0, 0·1, 4·9, 12·0 and 22·5 μg %) or serum samples in duplicates.
2. Add 0·1 ml of TBG chemical blocking agent (TCA/NaOH) for 1—2 min.
3. Add 0·15 μCi ^{125}I—T_4 solution (equivalent to 200 μl aliquots and 200 μl of T_4 — anti-serum solution of 1:400 dil. mix all tubes thoroughly (one second) on a vortex or five secs. swirling by hand. Cover tubes with plastic film or stoppering.
4. Incubate all tubes in water bath or incubator at 37 °C for 60 min.
5. Reconstitute dextran charcoal suspension by magnetic stirrer, then add 0·5 ml (5 mg/tube) to each test tube, rotate in rotator for $\frac{1}{2}$ hr. Centrifuge in ultracentrifuge at 3000 rpm for 5 min.
6. Transfer the supernatent in fresh, clean test tube (bound fractions, B).

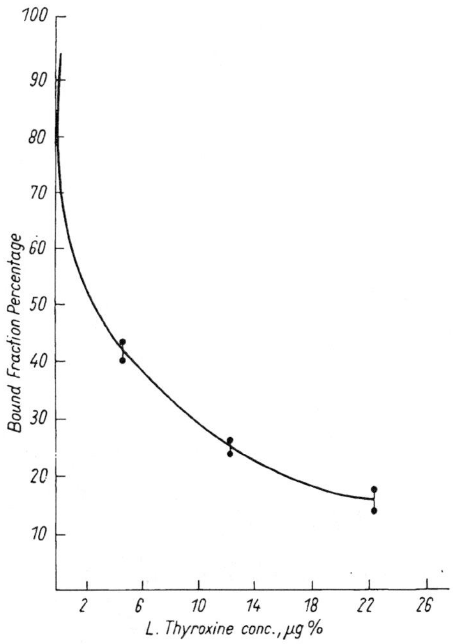

Fig. 1. L-Thyroxine RIA standard curve of the optimized dextran charcoal technique

7. Count the free fractions, (charcoal precipitate, F) and the bound fraction, B.
8. Plot standard curve of bound fractions count against T_4 concentrations (Fig. 1) from which the T_4 concentration of the tested serum could be read directly.

B. *Free thyroxine estimation.* The same procedure as above in case of total thyroxine, has been carried out, without using TBG chemical blocking agent for serum samples or standard-T_4.

Preliminary Tests

I. Selection of suitable RIA technique

In a trial to evaluate the suitable RIA procedure for T_4, we have been involved with different techniques published before, in comparison with our modifications as follows:

a) *Amersham RIA kit* T_4 [15] (Gel equilibrium). In this technique, it is used to incubate in polystrene tube 50 µl of T_4 standards or tested serum with 200 µl ^{125}I-T_4 (0·15 µCi and 200 µl T_4-antiserum dil (1:200) for 1 hr at 37 °C in incubator. Then separation of free fraction from bound ones has been carried out by gel adsorption (1·0 ml/test).

Radioactivity of bound and free fractions were assayed separately. Standard curves of bound or free against T_4 concentration were used for calculation (Fig. 2, 3)

b) *T_4 RIA using TBG chemical blocking agent* (TCA/NaOH). In this experiment we used 0·1 ml of TCA/NaOH mixture as a chemical blocking agent for TBG to dissociate T_4 From it's binding sites in protein. Then follows up the same technique of Amersham T_4 RIA. The results represented in Fig. 2, 3.

c) *T_4 RIA applying dextran charcoal* (Free fraction adsorption). This technique has been carried out by incubating in polystyrene 50 µl T_4 standards or tested serum, 0·1 ml TBG blocking agent +200 µl ^{125}I-T_4 (0·15 µCi) and 200 µl of T_4 antibody dil (1:200) for 1 hr. at 37 °C in incubator. Then add 0·5 ml of dextran charcoal suspension (5 mg), check for $\frac{1}{2}$ hr. centrifugate at 3000 rpm for separation of supernatant (bound fraction B) and charcoal precipitate (free fraction F). The results are illustrated in 2 and 3).

d) *T_4 RIA applying spong resin* (differential migration by molecular-weight [13]). The experiment has been carried out as above in technique C, but we used spong resin (Abott lab.) of 50 mg/sample instead of charcoal suspension. This to separate free fractions from bind one. The results are represented in Fig. 2 and 3.

e) *T_4 RIA applying solid-phase* technique (adsorption of bound fraction) [4]. In this technique, the test tube were firstly coated by T_4 antibody using 2 ml of diluted T_4-antibody 1:10.000 instead of 1:1000 in veronal buffer (*p*H 8·4) containing 0·2% BSA for 24 hrs. Then the tubes were emptied and washed with 1·0 ml saline to be ready for use. In the coated test tubes incubate 50 µl T_4 standards or tested serum. +0·1 ml chemical TBG blocking agent and 200 µl ^{125}I-T_4 for 1 hr at 37 °C. Then count the supernatant separately in fresh test tube. (Free fractions) (F) and the tube empty for bind fraction (B) The results illustrated in Fig. 2 and 3. For comparison, the sensitivity, reproducibility and accuracy of the different techniques, we have

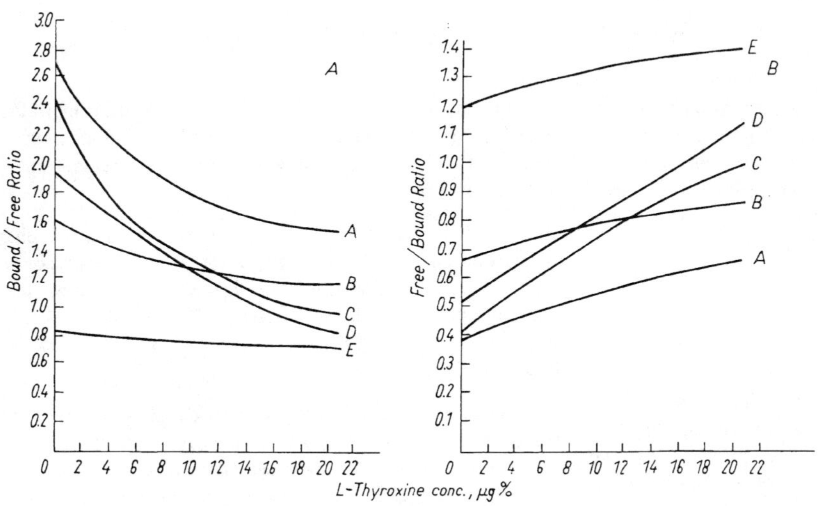

Fig. 2. Bound/Free · or Free/Bound Ratio versus T_4 concentration for different Techniques

A – T_4 RIA without TCA/NaOH using Gel adsorption; B – T_4 RIA with TCA/NaOH using Gel adsorption; C – T_4 RIA with TCA/NaOH using dextran charcoal; D – T_4 RIA with TCA/NaOH using spong resine; E – T_4 RIA with TCA/NaOH using solid phase

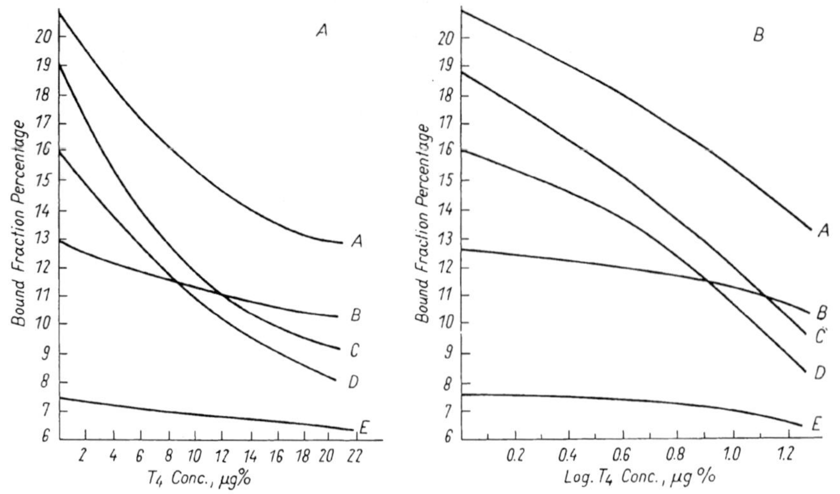

Fig. 3. Bound fraction percentage versus T_4 concentration and Log T_4 concentration for different techniques
A – T_4 RIA without TCA/NaOH using Gel adsorption; B – T_4 RIA with TCA/NaOH using Gel adsorption; C – T_4 RIA with TCA/NaOH using dextran charcoal; D – T_4 RIA with TCA/NaOH using spong resine; E – T_4 RIA with TCA/NaOH using solid phase

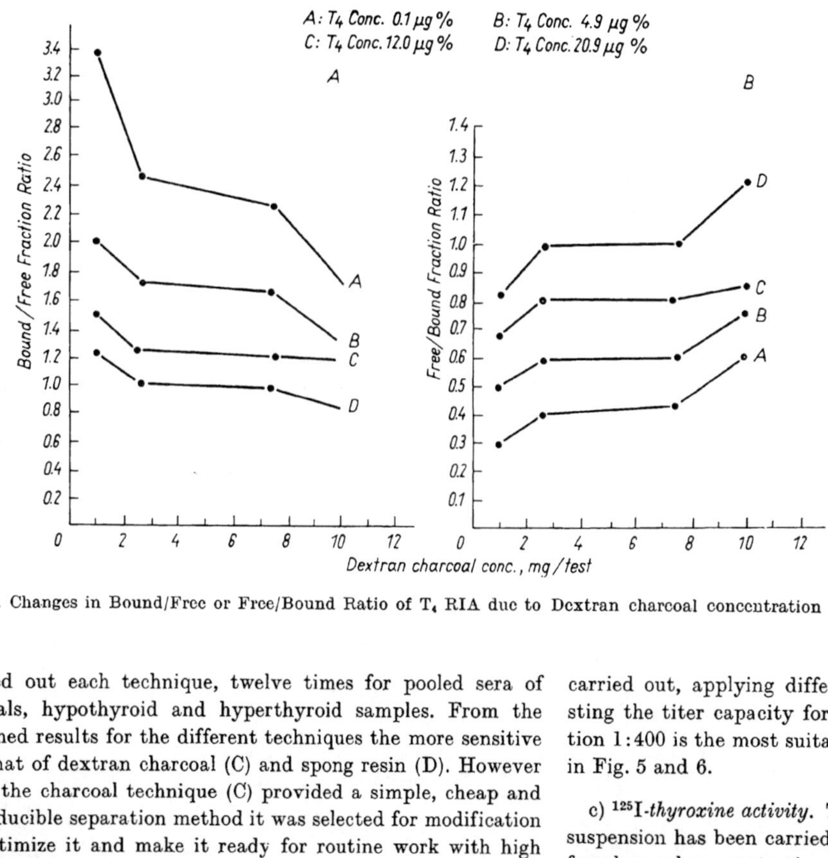

Fig. 4. Changes in Bound/Free or Free/Bound Ratio of T_4 RIA due to Dextran charcoal concentration

carried out each technique, twelve times for pooled sera of normals, hypothyroid and hyperthyroid samples. From the obtained results for the different techniques the more sensitive are that of dextran charcoal (C) and spong resin (D). However since the charcoal technique (C) provided a simple, cheap and reproducible separation method it was selected for modification to optimize it and make it ready for routine work with high reproducibility.

II. Optimization Assays

a) *Dextran Charcoal suspension concentration.* The selected dextran charcoal technique has been carried out using different concentrations of charcoal suspensions (1·0, 2·5, 5·0, 7·5 and 10·0 mg/test). The results illustrated in Fig. 4 from which it is appeared that 5·0 mg/test is the most suitable one.

b) *Thyroxine antibody dilutions.* Dextran charcoal adsorption technique with it's suitable charcoal concentration has been carried out, applying different T_4-antibody dilutions after testing the titer capacity for dilution, which revealed that dilution 1:400 is the most suitable and sensitive one as represented in Fig. 5 and 6.

c) ^{125}I-*thyroxine activity.* The selected technique or charcoal suspension has been carried out using the optimized conditions for charcoal concentration and thyroxine antibodies dilution, but using different concentrations of ^{125}I-T_4 (0·050, 0·15, 0·30 μCi From the results in Fig. 7 it is appeared that 0·15 μCi/test is the most sensitive one.

d) *Time and temperature of incubation.* Having the most suitable conditions of charcoal concentrations, thyroxine antibody dilutions, ^{125}I thyroxine activity we proceeded to evaluate the association-dissociation times for the selected, optimized dextran charcoal technique. However, equilibrium is much more rapid at 37 °C than at 4·0 °C (IAEA [12], 1974) therefore 37 °C was chosen as the equilibrium temperature.

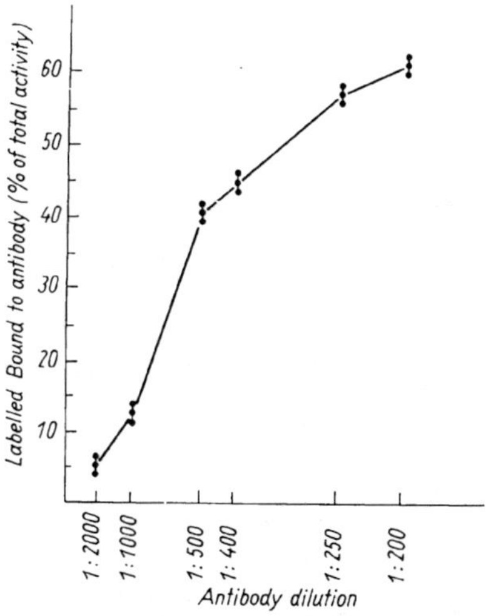

Fig. 5. Antibody dilution titer curve for the used T_4 antibody of mallinkrodit

The results represented in Fig. 8 for the equilibrium process at the different time of 15, 30, 45, 60 and 90 min. showed a platue between 45 till 90 mins, where at the lower times equilibrium was not reached. Therefore 60 min exhibited the best slop covering a wide range of T_4 concentrations denoting it's superiority.

III. Reproducibility and sensitivity of the optimized technique

The modified technique was carried out on different sera, in comparison with the competitive protein binding (CPB) to define the levels of T_4 concentrations for each category. The results are represented in tables and figures 9 and 10.

Regarding the sensitivity of the optimized DCC T_4 RIA it is proved to be 99·30% with variance coefficient value of 0·248.

Results

The results obtained in this study are tabulated in 3 tables and 10 figures after statistical analysis, following the Ekins idea (*Ekins* [5] 1974).

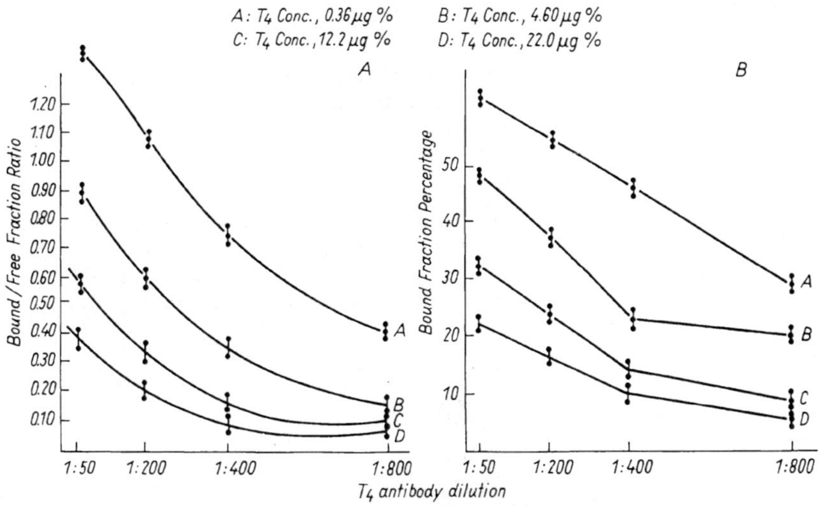

Fig. 6. Changes in Bound/Free fraction ratio or Bound percentage of T_4 RIA due to changes in T_4 antibody dilution

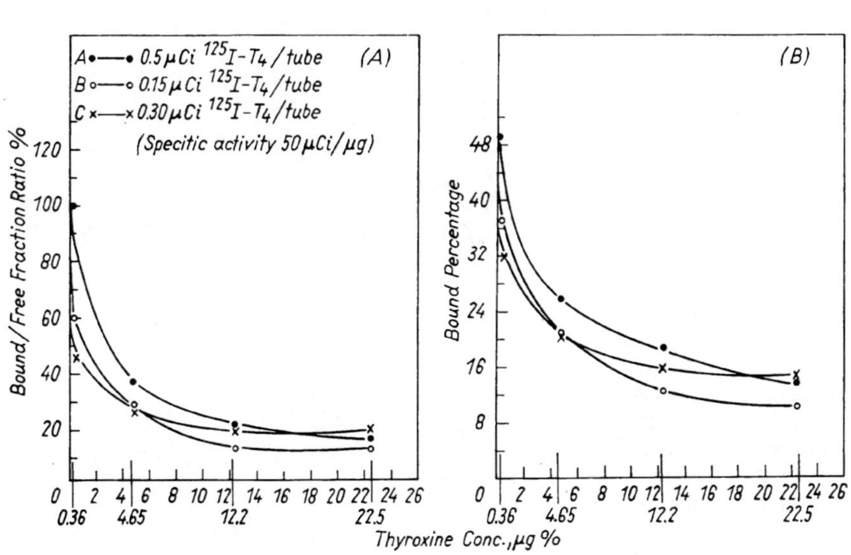

Fig. 7. Standard curve for DCC – T_4 RIA obtained at different radioactivity
A – Bound/free ratio versus T_4 concentrations; B – Bound percentage versus T_4 concentrations

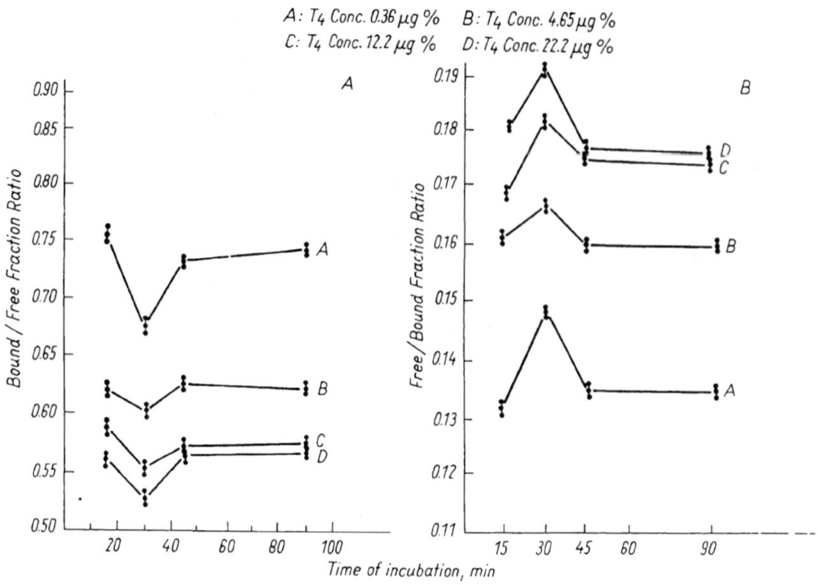

Fig. 8. Changes in Bound/Free or free/Bound Fraction Ratio of T_4 RIA due to time of incubation

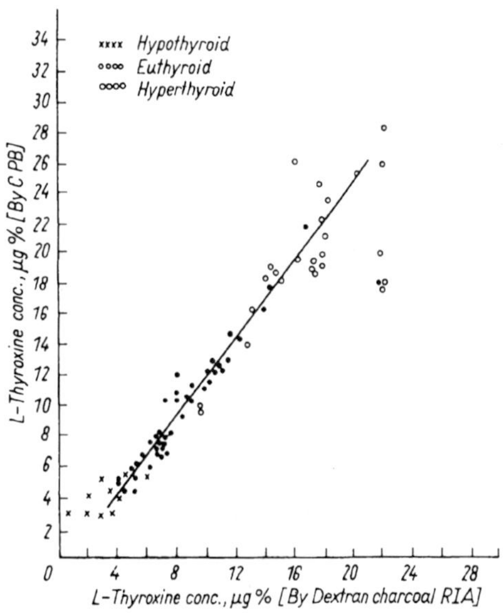

Fig. 9. Correlation between L − T_4 concentration of the studied cases by competitive protein bindg (CPB) method and dextran charcoal RIA method

Discussion

Thyroxine is secreted together with triiodo-thyronine by the thyroid gland. The secretion of the two hormones is controlled by thyroid stimulating hormone (TSH) from the anterior pituitary, which is controlled by the hypothalamic thyrotrophin releasing hormone (TRH) [7]. Abnormal levels of thyroxine are generally an indication of thyroid malfunction where generally changes in T_4 levels are generally paralleled by similar changes but in some circumstances the changes are independent and the measurement of both levels without interference with the concentration of the other during extraction process is therefore an important part of investigation of thyroid disfunction. The radioimmunoassay method depends on the competition for a limited number of binding sites on a T_4 specific antibody between T_4 in serum and ^{125}I-thyroxine without extraction or destruction of the thyroid molecules where ^{125}I-T_4 bound to antibody is inversly related to the concentration of thyroxine present in serum [11].

To evalutate the sensitivity, reproducibility and accuracy of the available techniques for T_4 RIA, we performed each technique 12 times using pooled sera of normal subjects as well as that obtained from known hypothyroid and hyperthyroid patients.

In the light of the obtained results, it is appeared that the most sensitive techniques were those of dextran charcoal (C) and anion exchanges (D) this conclusion can be easily documentated by their steeper standard curves. However, since the

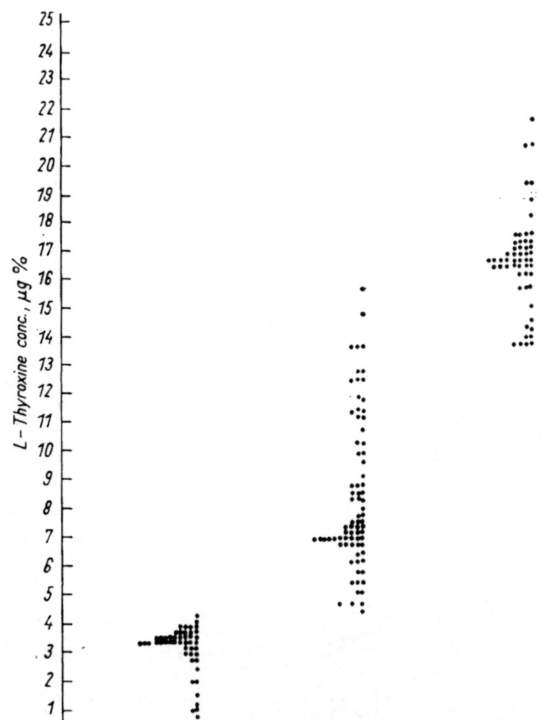

Fig. 10. Representative diagrame for L − T_4 values obtained by the optimized DCC T_4 RIA

Tab. 1. Thyroxine concentration in μg/100 ml (Mean ±1 S. D) for pooled sera of Euthyroid, Hypothyroid and Hyperthyroid applying different RIA techniques

Tested samples	No. of assays	T_4 concentration (μg/100 ml) (Mean ±1 S. D)				
		Tech. A	Tech. B	Tech. C	Tech. D	Tech. E
Euthyroid	14	7·3 ± 0·56	6·9 ± 0·4	6·5 ± 0·6	6·8 ± 0·64	7·8 ± 0·85
Hypothyroid	14	3·2 ± 0·36	2·9 ± 0·5	2·9 ± 0·3	2·5 ± 0·4	3·5 ± 0·5
Hyperthyroid	14	16·35 ± 1·57	16·0 ± 2·0	16·5 ± 1·4	16·0 ± 1·1	18·0 ± 2·5

Tab. 2. Sensitivity and variance Coefficient (VK) values of different RIA techniques.

Tested samples	No. of assays	Sensitivity Percentage Values				
		Tech. A	Tech. B	Tech. C	Tech. D	Tech. E
Euthyroid	14	99·40	99·40	99·80	99·80	98·00
Hypothyroid	14	98·80	99·30	99·80	99·90	97·30
Hyperthyroid	14	99·20	99·30	99·70	99·50	98·30
Variance coefficient		0·095	0·118	0·094	0·108	0·130

Tab. 3. The mean T_4 concentration (μg %) of the studied cases applying the modified dextran charcoal RIA technique in comparison with classical thyroid function tests

Thyroid status	No. of subjects	Mean values ±1 S. D.						
		^{131}I thyroidal uptake (%) 2 h	4 h	24 h	T_4 Conc. CPBA (μg %)	T_3 uptake using charcoal	T_7 value	T_4 conc. RIA techn. (μg %)
Euthyroid	50	13·00 ± 0·50	25·00 ± 3·51	48·00 ± 3·61	9·40 ± 0 82	1·03 ± 0·02	9·68 ± 0·99	6·50 ± 2·09
Hypothyroid	21	4·90 ± 1·18	8·70 ± 2·37	19·20 ± 5·39	4·47 ± 0·55	0·813 ± 0·01	3·58 ± 0·63	2·90 ± 0·90
Hyperthyroid	57	32·00 ± 6·71	55·00 ± 6·86	65·00 ± 3·16	18·90 ± 0·77	1·28 ± 0·014	24·19 ± 1·05	16·50 ± 1·87

DCC technique provided a simple, cheap and reproducible separation method. It was selected to be subjected for modification to optimize it and make it ready for routine work with high reproducibility.

These modifications included dextran charcoal concentration, antibody dilutions, antigen stripping quality and quantity of labelled hormone, separation methods and condiiton of incubation (time and temperature).

The results obtained raised the following optimized conditions as for:

a) DCC concentration is 5 mg/test (0·5 ml).
b) antibody dilution 1:400 (0·2 ml/test).
c) ^{125}I-T_4 activity as 0·15 μCi/test.
d) TBG blocking agent 0·1 ml of TCA/NaOH mixture.
e) incubation conditions of 1 hr. duration at 37 °C in water bath with gentle shaking.
f) The two fractions (free and bound were counted to get B/F ratio for the standard curve. With the optimizied midification for T_4 RIA we carried out the technique for 180 serum samples of 50 hypothyroid, 80 euthyroid and 50 hyperthyroid. The results obtained revealed a clear separation between thyroxine concentration values in hypo and hyper thyroid states on one hand and normal subjects on the other hand as represented in Tab. 3 and Fig. 10.

The values noted were what one would expect in the absence of T_4 binding abnormalities, where the mean values of T_4 concen. were 6·50 ± 2·09%, 2·90 ± 0·90 μg % and 16·5 ± 1·87 μg % for euthyroid, hypo and hyperthyroid respectively.

Regarding the sensitivity of the optimized DCC RIA T_4 technique it proved to be 99·30% with variance coefficient value of 0·248.

Comparing the values obtained by competitive protein binding analysis, the results showed a good correlation. This correlation also makes it clear that RIA values faithfully reflect variations in hormone secretion.

Received January 24, 1979

References

[1] *J. Abuid, A. H. Klein,* Total and Free T_3 & T_4 in early infancy; J. Clinical Endocrinology & Metabolism **39** (1974) 263
[2] *C. Beckers, C. Cornette,* J. Nucl. Med. **14** (1973) 317
[3] *B. L. Brown, R. P. Ekins,* Biochem. J. **120** (1970) 8
[4] *K. J. Catt, G. W. Tregear,* Science (N. Y.) **158** (1967) 1570
[5] *R. P. Ekin,* British Med. Bull. **30** (1) (1974) 3
[6] *S. M. Ellis, R. P. Ekins,* The RIA of free T_3 & T_4 in serum; J. Endocrinology, 59, p × iii (1973)
[7] *D. C. Evered,* Diseases of thyroid gland clinics; J. Endocrinology & Metabolism **3** (1974) 425
[8] *E. P. Frenkel, S. Keller,* J. Lab. Clin. Med. **68** (1966) 510
[9] *E. Harber, F. F. Richards,* Anal. Biochem. **12** (1969) 163
[10] *R. D. Hesch, D. C. Evered,* British Med. J. **1** (1973) 645
[11] *C. S. Hollander,* Rapid simultaneous radioimmunoassay of T_3 & T_4 in unextracted serum; Biochemical & Biophysical Research Communications **46** (1972) 2107
[12] IAEA Panel; International J. Appl. Rad. Isotopes **25** (1974) 145
[13] *R. C. Meada, H. M. Klitgaard,* J. Nucl. Med. **3** (1962) 407
[14] *Y. M. Megahed, G. A. Ziada,* Isotopenpraxis **13** (1977) 284
[15] T_4 RIA Kit: The radiochemical centre rev. p. 141/75/10 Amersham U. K.

Sodium Chloride Aerosol Generation Method for high Efficiency Particulate air Filter Testing*

O. Ž. Jovanović-Kovačević, M. Vidmar, M. Tubić, Č. Teofilovski, D. Patić, R. Smiljanić

(The Boris Kidric Institute of Nuclear Sciences — Vinča)[1])

A method for submicron aerosol generation from the sodium chloride aqueous solution and the results related to the generation capacity and aerosol particle characterization as a function of the experimental conditions are presented.

(E13) INIS DESCRIPTORS:

aerosol generators; aerosols; air; air filters; aqueous solutions; cascade impactors; flow rate; mechanical efficiency; nozzles; particle size; photometry; quantity ratio; sodium chlorides

Testing of high efficiency particulate air (HEPA) filters represent an important problem from the point of view of environmental protection. As it is known, the testing of filter efficiency is performed by using submicron particles of test aerosols. The test aerosols generated by an aerosol generator and having a defined particle size or particle size distribution are introduced into the air stream to be filtered upstream the filter. Aerosol concentration is thereafter measured up and downstream the filter and the efficiency is then calculated or directly measured. Sodium chloride, methylen blue, paraffin oil and dioctylphthalate aerosols are most often used for this purpose. Except for the dioctylphthalate, which is used both as mono-and polydisperse, the other aerosols are mostly used in polydisperse form [1—8].

High efficiency of the tested filters and the recent increase in ventilation system capacities are placing nowadays heavy requests on aerosol generation. This problem could be solved either by improvement of aerosol generation capacity or by increasing aerosol detection sensitivity. The latter can be achieved by using radioactive labelled aerosols. With this idea in mind sodium chloride has been chosen as a filter test aerosol.

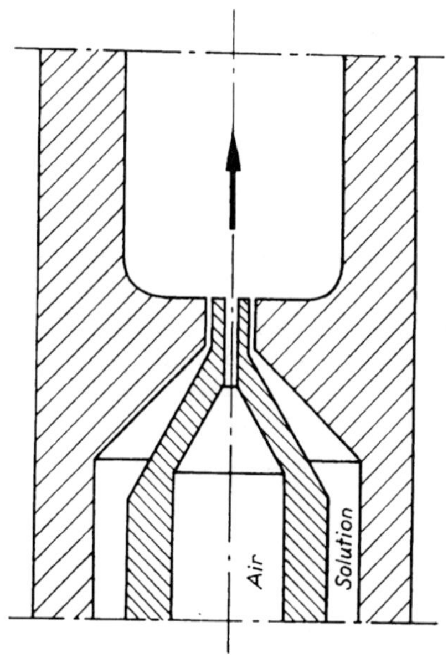

Fig. 1. Working principle of the designed aerosol generator

Experimental

The first phase of the experimental work was devoted to the development of a suitable aerosol generator. Therefore laboratory type NaCl aersosol generator was designed and constructed which enabled determination of the influence of working conditions (nozzle diameter, air flow rate, solution concentration, solution temperature etc.) on the generating capacity and particle size distribution. The working principle of the designed generator made of plexiglass is presented in Fig. 1. A jet of filtered compressed air of high velocity passing through a stainless steel nozzle provokes the underpressure and in this way supples the nozzle with certain quantity of the sodium chloride solution to be aerosolized. In the plexiglass chamber provided with the openings with the defined diameters and placed above thenozzle large droplets of the solution are impacted on the chamber walls and returned to the original solution while small droplets are taken away by the air stream.

In the experiments sodium chloride aerosol concentration was measured by using a portable Na-flame photometer (Moore's Ltd.) and particle size distribution was determined by a 6-stage Andersen cascade impactor (2000 Andersen Inc., Model 0203) the effective cut of size (ECS) for particular impactor stages being corrected for NaCl. For mass median diameter (MMD) determination particle diameter versus cumulative perscent mass curves (straight lines in the diagrams) were plotted.

Results and discussion

Results relating to the determination of the generator production capacity and particle size distribution as a function of the air flow rate through the nozzle and NaCl solution concentration at room temperature are presented in Tab. 1 and 2 and Fig. 2.

It is evident from the results obtained that the mass median diameter of the aerosol particles changes from 0.68×10^{-6} m — — 0.71×10^{-6} m when air flow rate from 4.40×10^{-5} m^3/s — — 6.10×10^{-5} m^3/s is applied. On the other side the data in Tab. 2 and Fig. 2 show that particle diameter increases with increasing NaCl solution concentration MMD of aerosol particles being 0.48×10^{-6} m (geometric standard deviation $\sigma = 2.43$) for 0.1% NaCl, 0.71×10^{-6} m ($\sigma = 2.46$) for 1% NaCl, $0.92 \times \times 10^{-6}$ m ($\sigma = 2.39$) for 5% NaCl, 0.98×10^{-6} m ($\sigma = 2.55$) for 10% NaCl and 1.29×10^{-6} m ($\sigma = 2.32$) for 20% NaCl (applied air flow rate through the impactor was 4.72×10^{-4} m^3/s). It can be noticed that generation production capacity increased with the increasing air flow rate and NaCl concentration as well.

*) This work was sponsored by the International Atomic Energy Agency, Vienna.

[1]) Address: 11001 Beograd, P. O. Box 522, Yugoslavia

Tab. 1* — Aerosol output and MMD as a function of air flow rate through the nozzle (nozzle diameter 0.5×10^{-3} m, 1% NaCl at room temperature)

Air flow rate through the nozzle, 10^{-5} m³/s	Aerosol output 10^{-6} kg/s	MMD 10^{-6} m	σ
4·4	2·75	0·68	2·37
5·0	4·58	0·68	2·23
5·5	6·96	0·67	2·34
6·1	8·66	0·71	2·27

Tab. 2* — Aerosol output and MMD as a function of NaCl solution concentration (nozzle diameter 0.5×10^{-3} m, air flow rate 6.1×10^{-5} m³/s, solution at room temperature)

NaCl solution concentration, %	Aerosol output 10^{-6} kg/s	MMD 10^{-6} m	σ
0·1	6·90	0·48	2·43
0·3	7·50	0·53	2·02
0·5	7·70	0·65	2·15
1	8·66	0·71	2·46

*) The numbers given in the tables and figures represent average values for 4 – 6 independent determinations.

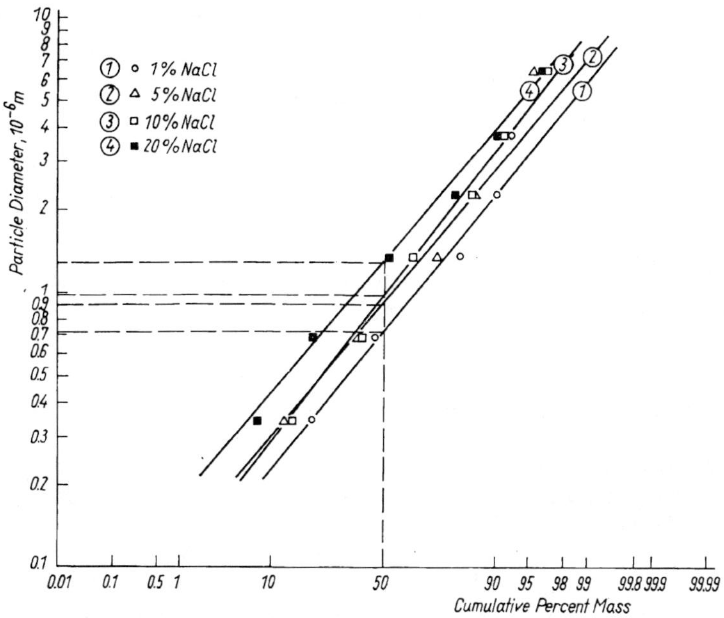

Fig. 2. Particle size distribution as a function of NaCl solution concentration
nozzle diameter 0.5×10^{-3} m, air flow rate $6.1 \times 10^{-5} - 8.3 \times 10^{-5}$ m³/s, solution at room temperature

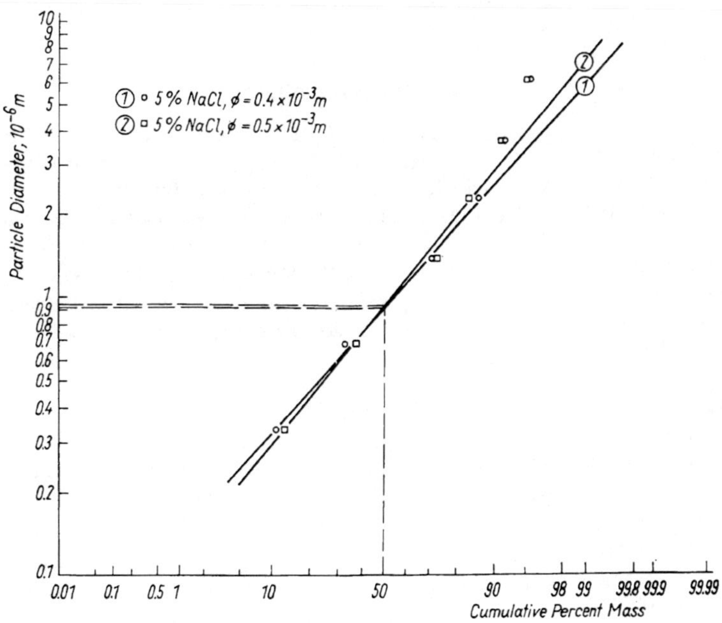

Fig. 3. Particle size distribution as a function of the nozzle diameter

Comparison of the particle size distribution, obtained for 5% NaCl with two nozzle diameters, is given in Fig. 3. From these data it can be concluded that there is no pronounced influence of nozzle diameter on the aerosol particle mass median diameter.

On the basis of the results obtained with the described laboratory type generator, which produces sodium chloride aerosols from the liquid phase, one can conclude that:

— Compressed air flow rate through the nozzle influences generator production capacity, but has no significant effect on mass median diameter of particles.

— Changes of the NaCl solution concentration considerably affect not only aerosol particle size distribution, but generator production capacity as well.

— There is no pronounced influence of the nozzle diameter on the mass median diameter of particles and aerosol output.

Received February 28, 1979

References

[1] *W. F. Espenscheid, E. Matijević, M. Kerker*, J. Phys. Chem., 68 (1964) 2831

[2] *A. G. Rolie, F. E. Adley*, High Capacity DOP Aerosol Generator, Proc. 12th AEC Air Cleaning Conf. 1972, p. 718

[3] *C. A. Burchated, A. B. Fuller*, Design Construction and Testing of High-Efficiency Air Filtration Systems for Nuclear Application ORNL-NSIC-65, 1970

[4] *J. Edwards, D. J. Kinnear*, Flame Generation of Sodium Chloride Aerosol for Filter Testing, Proc. 13th AEC Air Cleaning Conf. 1974, p. 552

[5] *B. Y. H. Liu*, Fine Particles – Aerosol Generation, Measurement, Sampling and Analysis. Academic Press Inc., New York 1976

[6] *J. Delhaye, J. Michel*, Contribution à l'Amelioration de la Methode d'Essais des Filters d'Air au Chlorure de Sodium, Proc. Seminar on High Efficiency Aerosol Filtration, Aix-en Provence 1976, p. 241

[7] *R. G. Dorman, J. Edwards, R. Poynting*, The Sodium Chloride Aerosol Test for High Efficiency Air Filter Installations, Proc. Seminar on High Efficiency Aerosol Filtration, Aix-en-Provance 1976. p. 127

[8] *A. Briand, J. Dupoux*, Mesure in Situ de l'Efficacitè des Installations Filtrantes dans l'Industrie Nucleaire par la Methode a l'Aerosol de Fluoresceine Sodeê (uranine). Norme AFNOR NFX 44011, Proc. Seminar on High Efficiency Aerosol Filtration, Aix-en-Provence 1976, p. 159

Application of ^{35}S as a Radioactive Tracer for a Determination of the Composition and the Structure of Dispersion Coatings, Containing MoS_2

D. S. Todorovsky, K. P. Todorov, K. N. Kostadinov

(Radiochemical Laboratory, Faculty of Chemistry, University of Sofia)[1])

A method is proposed for the determination of the content and distribution of MoS_2 in Ni-P-MoS_2 coatings deposited on a steel using ^{35}S as a radioactive tracer. ^{35}S is isolated and measured as $BaSO_4$. At the same time this approach gives the possibility to perform an autoradiographic investigation which enlarges the metallographic data.

(B11; D24) INIS DESCRIPTORS:

autoradiography; barium sulfates; coatings; composite materials; labelled compounds; molybdenum sulfides; nickel; phosphorus; quantity ratio; radioactivation; radiometric analysis; steels; sulfur 35; surface coating; tracer techniques

Introduction

The metal dispersion coatings are used to improve some surface physiochemical properties of the materials. The MoS_2-containing coatings are among those with small friction coefficient. Naturally, it is too important to have enough information on the quantitative and phase composition of the deposited coatings. The investigation of the composition of the chemically deposited Ni-P-MoS_2 — coating met with some difficulties. The spectral analysis (according [1]) show significant dispersion of the results. The simultaneous presence of Mo and P strongly restricts the possibilities for their spectrophotometric determination. That is why an attempt has been made for a radiochemical analysis of the coating composition using ^{35}S as a radioactive tracer.

Radioactive tracers including ^{35}S have been used many times to investigate the properties and the behaviour of metal alloys. The autoradiography has especially wide application. Pribisch et al. [2] have applied this method to study the phase composition of a similar dispersion coating containing Cu-MoS_2.

The present work reports a radiochemical method for a study of the quantity of MoS_2 built-in the coating Ni-P-MoS_2 deposited on steel. At the same time this approach gives the possibility to perform an autoradiographic investigation of the sample.

[1]) Address: 1, A. Ivanov Av., 1126-Sofia, Bulgaria

Radiochemical method

1. Preparation of $Mo^{35}S_2$. MoS_2 (Riedel de Haen, grain diameter 1–6 μm, MoS_2 – 99.5%, SiO_2 – 0.05%) was irradiated in silica ampules for 38 h at a neutron flux 10^{13} $cm^{-2} \cdot s^{-1}$ and cooled 100 d. The Ge-Li-gamma spectrometry performed 75 d after the irradiation shows the presence of traces from Se, Sb, Ag. At the moment of use ^{32}P was present in measurable amounts.

The necessary irradiation time, t[h] was calculated having in mind the activity necessary for the autoradiography by the expression:

$$t = 4.8 \cdot 10^{-10} \frac{S}{B \cdot C}$$

where S — sensitivity of the plate measured as the number of particles which has to penetrate 1 cm^2 of the plate,

B — thickness of the coating, cm. If $B > 4 \cdot 10^{-3}$ cm, B in the expression is substituted by this figure, which is the approximate thickness of full absorption layer for ^{35}S β-particles in Ni,

C — the expected lowest content of MoS_2 in the coating, %. In the calculation we adopt: a neutron flux 10^{13} $cm^{-2} \cdot s^{-1}$, a uniform distribution of the radionuclide in the coating, 50% efficiency from the geometry of taking autoradiograms, cooling time 100 d and an exposition time 45 h.

The obtained radioactivity is quite enough for the purposes of the quantitative radiochemical analysis.

2. *Desposition of the dispersion coating.* The chemical deposition of the coating was performed with a ${}^{35}S$ labelled MoS_2 by the method created in EFFTOM Laboratory at High institute for mechanical and electrical technology "Lenin", Sofia on steel cylindres (steel St-45), ∅ 2 cm.

3. *Metallographic analysis and autoradiography.* The obtained layer is bright the and metallographic analysis and the autoradiography are done without an additional polishing.

The autoradiography of ${}^{35}S$-containing materials is well known and that is why we are giving only brief notes on some experimental details of the procedure used. The samples were put directly on the plate in a dark-room at 18 °C. The exposition time was 6 to 48 h depending on the concentration of MoS_2. X-ray plates D 75 (Agfa Gevaert, Belgium) and X-ray developer T 11 (ORWO, GDR) were used.

4. *Radiochemical determination of the MoS_2-content in the coating.* The scheme of the proposed method is shown on Fig. 1. The general idea for ${}^{35}S$ isolation and mesaurement is taken from [3, 4] where it is used for other matrices. During the initial treatment with conc. HNO_3 practically only the surface layer is dissolved. The amount of Na_2SO_4 carrier is calculated to produce (together with the sulphur contained in the coating) approx. 80 mg of $BaSO_4$. Conc. HNO_3 and Br_2 added ensure full oxidation of sulphur to SO_4^{2-}. The activity was measured with end-window GM counter VA-Z-310 (GDR) with a window thickness 1.7 mg · cm^{-2}. The thickness of the $BaSO_4$ preparate is enough for the elimination of the self-absorption effect of the low-energetic ${}^{35}S$ β-rays. The activities of the samples were compared with that of $Mo^{35}S_2$ standard identically treated. The initial HNO_3-solution was divided into two aliquots which were

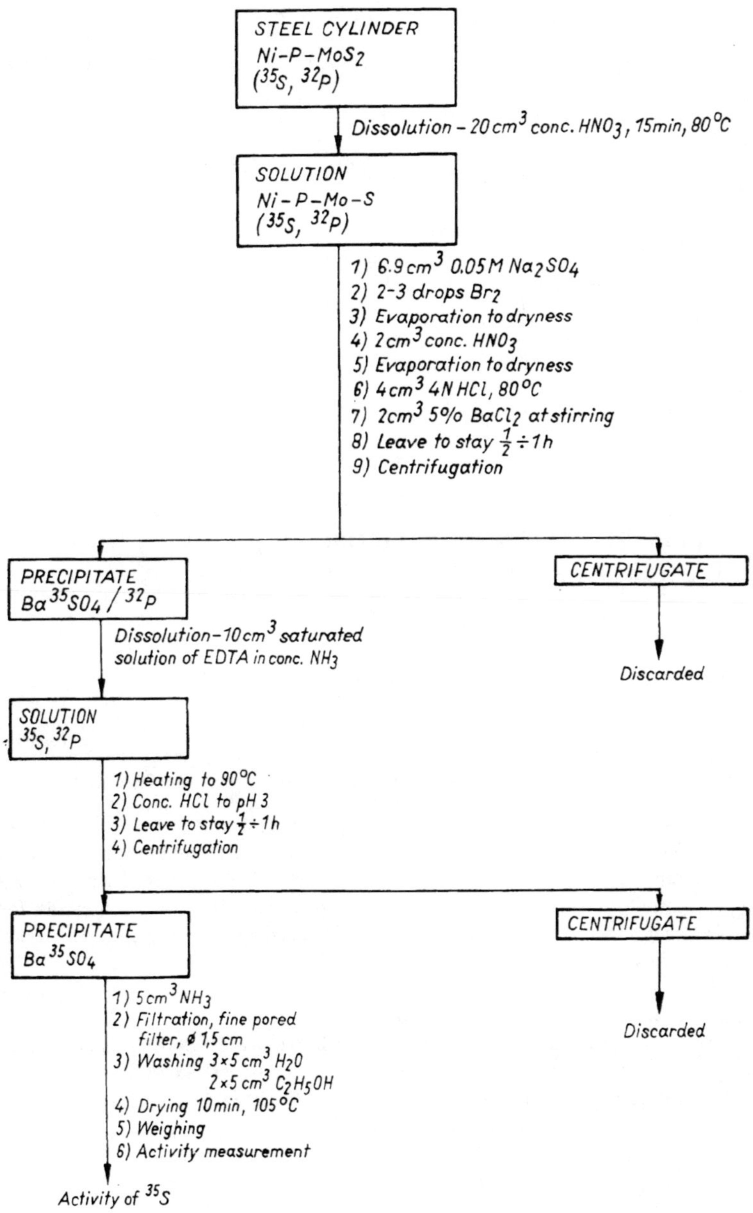

Fig. 1. Radiochemical isolation of ${}^{35}S$ from dispersion coatings Ni-P-MoS_2 deposited on steel matrix

analysed parallel and the average values were taken. The relative standard error (at 95% probability level and 8 parallel analyses) was 6%.

Application of the Method

The proposed method was used for an investigation of the influence of some parameters on the process of MoS_2 incorporation. One of the results can be seen on Fig. 2 which represents the MoS_2 content in the coating as a function of its concentration in the bath.

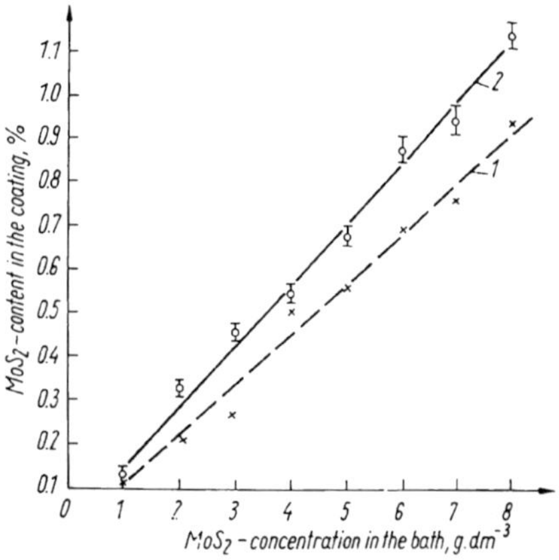

Fig. 2. The content of MoS_2 in the coatings (%) as a function of its concentration in the bath solution: 1-spectral analysis when nonradioactive MoS_2 was used; the dispersion of the results was significant; 2 – radiochemical analysis when $Mo^{35}S$ was used.

The metallographic analysis and the autoradiography performed before the radiochemical analysis permit to study the MoS_2 distribution as a function of the depositing conditions. Almost uniform distribution has been found. The densitograms taken give more detailed information on the coating structure.

Conclusion

The proposed radiochemical procedure for the investigation of sulphur containing dispersion coatings by the use of ^{35}S radioactive tracer gives a reliable information on MoS_2 percent in the coating and besides that permits to perform an autoradiographic investigation which adds to the metallographic data. The method is simple and relativelly fast — 4–5 samples can be analysed for 6 h (without the autoradiography).

Acknowledgements

This work was performed with the cooperation of Dr. *G. Georgiev* and Dr. *I. Dragieva* from the High institute for mechanical and electrical technology, Sofia.

Received March 7, 1979

References

[1] *Х. И. Зильберштейн*, Спектральный анализ чистых веществ, „Химия", Ленинград, 1971

[2] *И. З. Прибыш, Р. С. Сайфуллин, Г. Н. Бакакин, А. Г. Борзяк*, Электронная обработка материалов **1974**, 54

[3] *M. Kasrai, A. G. Maddock*, J. Chem. Soc. A **1970**, 1105

[4] *A. G. Maddock, I. S. Suh, M. Kasrai, M. Raie*, J. Chem. Soc., Far. Trans. II **72** (1976) 257

Kurze Originalmitteilungen

Zur Reindarstellung von tritiummarkierten Pyrimidinderivaten 2. Mitt. Darstellung von 5-Cyano-[6-^{3}H]uracil

K.-H. Heise, St. Noll

(Akademie der Wissenschaften der DDR, Zentralinstitut für Kernforschung Rossendorf, Bereich III)[1])

(B13) INIS DESCRIPTORS:

amines; catalysis; chemical preparation; cyanides; diazotization; labelled compounds; tritium compounds; uracils

5-Cyano-[6-^{3}H]uracil, das für biologische und pharmakologische Untersuchungen zunehmendes Interesse findet, kann durch katalytischen H-T-Austausch wegen der Empfindlichkeit der Cyanogruppe gegenüber reduzierend wirkenden Agenzien nicht erhalten werden. Andere Markierungsverfahren kommen wegen der geringen Ausbeuten kaum in Betracht [1].

Günstig ist dagegen die Umsetzung von 5-Amino-[6-^{3}H]uracil durch eine Sandmeyer-Reaktion zu 5-Cyano-[6-^{3}H]uracil. Der Vorzug dieses Verfahrens besteht darin, daß das markierte Ausgangsprodukt durch katalytischen H-T-Austausch leicht zugänglich ist (vgl. 1. Mitt. [2]).

Auf die Möglichkeit, die Cyanogruppe durch eine Sandmeyer-Reaktion in den Pyrimidinring einzuführen, wiesen bereits *Chang* und Mitarbeiter hin, die 5-Aminouracil in 3molarer Salzsäure umsetzten [3]. Von *Bleackly* und Mitarbeitern wurde die Richtigkeit der Ergebnisse dieser Autoren stark angezweifelt [4]. Auch uns gelang die Nacharbeit des angegebenen Syntheseweges nicht.

In halbkonzentrierter Schwefelsäure konnten wir befriedigende Ergebnisse erzielen.

Die Reaktion führen wir in einem 10-ml-Zweihalskolben durch, der mit Plaststopfen verschlossen ist, durch die eine Injektionskanüle für die Zugabe der Reaktionspartner und ein Röhrchen zum Druckausgleich und zur Ableitung gasförmiger Reaktionsprodukte gesteckt werden.

Im Reaktionskolben wird 1 mmol 5-Amino-[6-^{3}H]uracil (127 mg), spezifische Radioaktivität 3,3 Ci/mmol, in 0,5 ml halbkonzentrierter Schwefelsäure gelöst und bei +5 °C mit 0,4 ml

[1]) Anschrift: 8051 Dresden, PF 19

2,5molarer Natriumnitritlösung diazotiert. Danach gibt man bei 0 °C den Kupferkatalysator zu, der wie folgt bereitet wird:

3,3 mmol Kupfersulfat werden in 2,7 ml Wasser gelöst und mit einer 1,7molaren Natriumsulfitlösung reduziert. Hierzu verbraucht man etwa 1 ml der Natriumsulfitlösung. Dann werden 5 mmol Natriumcyanid zugegeben, der weiße Niederschlag abzentrigfuiert, dreimal mit Wasser gewaschen und schließlich in 2 ml einer 4,5molaren Natriumcyanidlösung gelöst.

Nach der Zugabe des Kupferkatalysators zu der diazotierten Lösung erwärmt man den Reaktionskolben im siedenden Wasserbad. Nach beendeter Stickstoffentwicklung wird vom ausgefallenen gelben Niederschlag abzentrifugiert, der noch zweimal mit Wasser gewaschen wird.

Die Waschwässer werden mit dem Zentrifugat vereinigt und das 5-Cyano-[6-^{3}H]uracil daraus durch Säulenchromatographie an Sephadex G 10 (Uvicord II, $\lambda = 254$ nm) abgetrennt und gereinigt [5].

Es werden 0,23 mmol/ (31,6 mg) 5-Cyano-[6-^{3}H]uracil ($\triangleq$ 23% d. Th.) erhalten. Die dünnschichtchromatographisch ermittelte radiochemische Reinheit beträgt $> 98\%$ (Silufol/Chloroform-Äthanol 5:1 Vol.), die spezifische Radioaktivität 1,8 Ci/mmol ($\triangleq$ 54% der spezifischen Radioaktivität des Ausgangsproduktes).

Das Infrarot-Spektrum der markierten Verbindung entspricht dem der inaktiven Referenzsubstanz:

IR(KBr): ν_{NH} 3205; ν_{CN} 2245; $\nu_{C=O}$ 1725, 1670 cm^{-1}.

Eingegangen am 2. 3. 1979

Literatur

[1] *K.-H. Heise*, St. Noll, ZfK-Report Nr. 340 (1977)

[2] *St. Noll, M. Kießling, K.-H. Heise*, Isotopenpraxis **13** (1977) 324

[3] *S. H. Chang, J. S. Kim, T. S. Huh*, J. Korean. Chem. Soc. (Söul) **13** (1969) 177

[4] *R. C. Bleackly, A. S. Jones, R. T. Walker*, Nucleic Acids Research **2** (1975) 683

[5] *St. Noll, K.-H. Heise*, ZfK-Report 312 (1976)

Informationen

EG. Die EG-Kommission verabschiedete das 2. Fünfjahresprogramm (Zeitraum 1980—1984) für die Behandlung und Lagerung radioaktiver Rückstände, das auf vertraglicher Grundlage in den Mitgliedsstaaten durchgeführt werden soll.

Während im ersten Programm Fragen der Einschließung von Reaktorabfällen, der Beurteilung von verglasten Rückständen, der Endlagerung in geologischen Formationen sowie der Verfestigung bzw. Beseitigung gasförmiger Rückstände im Mittelpunkt standen, umfaßt das neue Programm Arbeiten auf dem Gebiet der Behandlung und Konditionierung verschiedenartiger radioaktiver Abfälle (niedrigaktive, Hüllrohr- und plutoniumhaltige Abfälle, verfestigte hochaktive und gasförmige Rückstände), Lagerungs- und Beseitigungsverfahren und ihre Beurteilung, Kriterien und Strategien sowie Rechts-, Verwaltungs- und finanzielle Aspekte des Abfallmanagements.

Niederlande. Die Fa. Philips-Duphar B. V. gab bekannt, daß in Verhandlungen mit der Mallinckrodt Inc. (USA) und der BRD-Firma Byk-Gulden Lomberg, Chemische Fabrik GmbH, Einigung über die Übernahme der Duphar-Produktion auf dem Gebiet radioaktiver Nuklide erzielt wurde. Danach soll für das Zyklotron- und Isotopenlaboratorium (CIL) in Petten/Niederlande ein neues Unternehmen gegründet werden, das als Byk-Mallinckrodt CIL B. V. firmieren wird und an dem Mallinckrodt und Byk-Gulden Lomberg zu je 50% beteiligt sind.

IAEA/Österreich. Mehr als 250 Wissenschaftler aus 33 Mitgliedsstaaten der Internationelen Atomenergie-Agentur (IAEA) und•Vertreter von vier internationalen Organisationen nahmen an einem Symposium über die biologischen Wirkungen der von der Atomindustrie freigesetzten Radionuklide teil, das Ende März 1979 am Amtssitz der IAEA in Wien stattfand.

Die auf dem Symposium vorgelegten Berichte haben eindeutig gezeigt, daß die von der kerntechnischen Industrie freigesetzten Radionuklide (Plutonium, Americium, Tritium und andere) in der Umwelt in so geringen Konzentrationen vorhanden sind, daß sie keine Gefahr für die Gesundheit darstellen. Die Mindestkonzentrationen, bei denen biologische Wirkungen nachgewiesen worden sind, liegen um mehrere Größenordnungen über jenen, die in innerstaatlichen und internationalen Sicherheitsnormen als höchstzulässige Werte für die betreffenden Nuklide festgelegt sind bzw. empfohlen werden. Zudem sind die Mengen dieser Radionuklide, die tatsächlich in die Umwelt freigesetzt werden, wesentlich geringer als die für sie empfohlenen höchstzulässigen Werte.

Die Teilnehmer des Symposiums erörterten die Daten und praktischen Erkenntnisse, die derzeit sowohl auf Grund entsprechend geplanter Tierversuche als auch durch Untersuchungen vorliegen, die an beruflich strahlenexponierten Personen auf epidemiologischem und ökologischem Gebiet sowie hinsichtlich von Ernährungsketten u. a. m. durchgeführt wurden. Besondere Aufmerksamkeit wurde der genauen Bestimmung der absorbierten Strahlendosis bei geringen Radionuklidkonzentrationen und den somatischen und genetischen Dosiswirkungen gewidmet. Das biologische Verhalten der Radionuklide (Aufnahme, Stoffwechsel, Verteilung im Gewebe und ihre Ausscheidung) wurde eingehend diskutiert.

DDR. Der Leipziger Kommissions- und Großbuchhandel, 701 Leipzig, Postfach 520, bietet unter der Rubrik „Das importierte Buch" ein allgemeines Wörterbuch Russisch-Englisch im Taschenformat (Preis 4,— M) an, das rund 25000 Wörter enthält und unter der Redaktion von *O. S. Achmanowa* und *E. A. M. Wilson* 1977 im Verlag „Russische Sprache", Moskau, in der 29. Auflage erschienen ist.

BRD. Der Verlag Karl Thiemig, München, hat im Rahmen seiner Taschenbuchreihe den Band 63 — Fachwörter der Kraftwerkstechnik, Teil 3: Kernenergie (Englisch-Deutsch) — herausgegeben (456 Seiten, Preis DM 58,—). Das Wörterbuch, für das *E. Brandenberger* (Zürich) und *F. Stattmann* (Erlangen) als Autoren verantwortlich zeichnen, enthält rund 12700 Stichwörter, die anhand englischsprachiger Originalquellen ausgewählt wurden, sowie ein Verzeichnis von ca. 700 Abkürzungen Damit ist die Anzahl der Wortstellen gegenüber dem 2. Teil (Band 48) — Kernkraftwerke (Deutsch-Englisch) — bedeutend erweitert worden. Neben den Termini auf dem Gebiet der Siede- und Druckwasserreaktoren, die im Mittelpunkt stehen, wurden auch die wichtigsten aus den Bereichen Kernbrennstoffkreislauf, Lagerung und Bearbeitung radioaktiver Rückstände sowie Genehmigungsverfahren berücksichtigt.

BRD. In der Broschürenreihe „Kernenergie und Umwelt" der Zeitschrift „atomwirtschaft-atomtechnik" (atw) sind erschienen:
28 Experten zur Kernenergie (Nr. 11);
Braucht die Welt Kernenergie und Wie teuer wird der Strom? (Nr. 12) mit den Beiträgen „Langzeitprobleme der Energieversorgung" (*H. Michaelis*) und „Wie teuer wird Strom?" (*U. Hansen*);
Sichere Entsorgung? (Nr. 13) mit den Beiträgen „Kann man die Kernenergie angesichts des Entsorgungsproblems heute verantworten?" (*W. Schüller*) und „Tieflagerung radioaktiver Abfälle aus geologischer Sicht" (*H. Venzlaff*).

UdSSR. Nummer 3/1979 der Zeitschrift „Atomnaja Energija" enthält u. a. folgende Beiträge:

Messung des Spaltquerschnitts von ^{239}Pu bei Neutronenenergien von 10 eV bis 100 keV (*J. W. Rjabow*);
Messung der Neutronen-Gesamtwirkungsquerschnitte von ^{153}Eu, ^{154}Eu und ^{155}Eu (*W. A. Anufrijew* u. a.);
Untersuchung des Niob-Blisterings bei im thermonuklearen Reaktor zu erwartenden Heliumionen-Energien (*S. Das* u. a.);
Helium-Blistering bei hohen Bestrahlungsdosen (*I. N. Afrikanow* u. a.);
Berechnung der mikrodosimetrischen Charakteristika von Neutronen im Energiebereich 50 eV ... 10 MeV (*W. A. Pitkewitsch, W. G. Widenski*);
Albedo von Beton für niederenergetische Gammastrahlung (*M. P. Panin, A. M. Pantschenko*);

Kurze Originalmitteilungen:

Verteilung der gestreuten Gammastrahlung einer Impulsquelle (*D. A. Koshewnikow*);
Strahlenveränderung der Eigenschaften von Graphit in einem breiten Bereich der Bestrahlungstemperatur und Neutronenfluenz (*J. S. Wirgiljew* u. a.);
Bildung von Transurannukliden bei komplexer Nutzung von Leistungsreaktoren des Typs WWER und RBMK (*T. S. Sarizkaja* u. a.);
^{28}Mg-Ausbeuten bei der Bestrahlung von Magnesium und Aluminium mit Alphateilchen (*P. P. Dmitrijew, G. A. Molin*);
Interpretation von Daten über den Gesamtstreuquerschnitt kalter Neutronen in kondensierten wasserstoffhaltigen Medien (*W. E. Sjhitarew, S. B. Stepanow*);

RGW-Chronik (Tagungsberichte):

25. Tagung der Ständigen Kommission Atomenergie des RGW (Kuba, November 1978);
14. Tagung des WTKR für die Wiederaufarbeitung bestrahlter Kernbrennstoffe (UdSSR, September 1978);
Beratung der verantwortlichen Vertreter auf dem Gebiet der Isotopenproduktion — SOP'78 (ČSSR, Oktober 1978);
Spezialistenberatung über die Entwicklung und Herstellung spezieller Zyklotrons für die Isotopenproduktion (ČSSR, Oktober 1978);
5. Beratung der Bevollmächtigten Seiten des Abkommens über die mehrseitige internationale Spezialisierung und Kooperation der Produktion von Isotopenerzeugnissen (ČSSR, Oktober 1978).

UdSSR. Heft 4/1979 der Zeitschrift „Atomnaja Energija" enthält u. a. folgende Beiträge:
Von den Produkten der spontanen ^{252}Cf-Spaltung und der thermischen ^{239}Pu-Spaltung abgegebene Neutronen (*B. G. Basowa* u. a.);
Oxydation von Tabletten aus (U, Pu)O_2 und UO_2 (*G. P. Nowoselow* u. a.);

Kurzmitteilungen:
Bestimmung des Sauerstoffkoeffizienten in Oxid-Kernbrennstoff durch Neutronenaktivierung (*W. F. Kononow* u. a.);
Verhalten von Uranmonocarbid bei der Niedertemperaturbestrahlung im Reaktor (*Ch. E. Maile*);
Thermometrie von Medien unter Verwendung von Festkörperspurdetektoren (*J. W. Dubasow* u. a.);
Zerstäubung von Dielektrika durch Kernspaltprodukte (*I. S. Bitenski, E. S. Parilis*);
Zur Effektivitätsberechnung des Nachweises von Gammastrahlung mit Germanium-Halbleiterdetektoren (*W. A. Kalugin* u. a.).

UdSSR. Im Verlag Atomisdat sind im I. Quartal 1979 u. a. folgende Titel erschienen:
Strahlenwerkstoffkunde für Elektromaterialien (*A. S. Kostjukow* u. a.);
Die Koinzidenzmethode (*J. I. Rechin* u. a.);
Strahlenschädigung schwerschmelzbarer Verbindungen (*M. S. Kowaltschenko* u. a.);
Modellierung von Bündeln geladener Teilchen (*A. S. Roschal*);
Dosimetrie bei Strahlungshavarien (*S. N. Kraitor*);
Wechselwirkung von Strahlung mit Festkörpern und die Bildung von Elementardefekten (*K. Leiman*);
Dynamische Effekte bei der Gammaresonanzspektroskopie von Festkörpern (*I. P. Susdalew*);
Handbuch über kernphysikalische Laborarbeiten (Redaktion *K. N. Muchin*);
Mittel für den individuellen Schutz bei Arbeiten mit radioaktiven Stoffen (*S. M. Gorodinski*);
Spektrometrie ionisierender Strahlungen an Bord von Raumflugkörpern (*L. S. Gorn, B. I. Chasanow*);
Ferseheinrichtungen hoher Präzision zur Messung schnellverlaufender Prozesse (*A. W. Petrakow, B. M. Charitonow*);
Chemische Prophylaxe von Strahlungsverletzungen (*A. S. Mosshuchin, F. J. Ratschinski*).

Großbritannien. Die Fa. The Radiochemical Centre, Amersham, teilte mit, daß sie in Zukunft in ihren Katalogen, Analysen-Datenblättern und in anderen Publikationen sowie auf den Verpackungsschildern die mit der Radioaktivität in Zusammenhang stehenden Einheiten des Internationalen Systems (SI-Einheiten) verwenden wird. Das betrifft die Größen Aktivität, Energiedosis, Expositionsdosis und Äquivalentdosis. Daneben werden über einen längeren Zeitraum die jeweiligen Größen noch in den älteren Einheiten angegeben. Auf den Zertifikaten für radioaktive Standardlösungen wird bereits jetzt die SI-Einheit „Becquerel" (Bq) für die Aktivität neben der Angabe in Curie (Ci) benutzt.

Großbritannien. Neue Reports der United Kingdom Atomic Energy Authority (UKAEA):

AERE-R 9160 Improved Calculation of Fission Gas Driven Creep in Fuel Pin Cladding.
AERE-R 9164 A Survey of Atmospheric Trace Elements in the UK. Results for 1977.
AERE-R 9168 Variable Dead Time Counters. 1. Theoretical Responses and the Effect of Neutron Multiplication.
AERE-R 9190 Nuclear Accident Dosimetry Systems. UK Measurements at the Fourth IAEA Intercomparison at Harwell, April 1975.
AERE-R 9196 The Applications of TL Materials in Neutron Dosimetry.
ND-R-248(R) A Study of the Thermal Activation of Synthetic Zeolites (Molecular Sieve) for Gas-Solid Chromatography.

Großbritannien. Neue UKAEA-Reports:

AERE-R 9116 The Development of Automatic Neutron Diffractrometry at Harwell.

AERE-M 2992 On the Behaviour of Dissolved Fission Gases prior to Transient Testing of Fuel Pins.

AERE-R 8976 The Design of Systems for the Determination of Plutonium by Passive Neutron Counting.

AERE-R 9185 Harwell Subroutine Library. A Catalogue of Subroutines (1978).

SRD-R 120 A Guide to TIRION 4. A Computer Code for Calculating the Consequences of Releasing Radioactive Material to the Atmosphere.

Großbritannien. Im Culham-Laboratorium wurden die Arbeiten zur Errichtung einer technologischen Anlage für das Zerschneiden von Hüllen der im schnellen Prototyp-Reaktor PFR eingesetzten Brennelemente mit Hilfe von Lasern abgeschlossen. Nach den ersten erfolgreichen Erprobungen dieser Methode im Dezember 1976 an einem maßstabgerechten hexagonalen Brennelement unter Verwendung eines 400-W-Lasers wurden Versuche mit einer Anordnung durchgeführt, die aus zwei Lasern mit je 400 W Leistung bestand. Damit wurden die Ergebnisse früherer Untersuchungen bestätigt, die besagen, daß mit einem Lasersystem mit 600 und mehr Watt Leistung Brennelementhüllen ohne Bildung von Oxiden und Schlacke zerschnitten werden können, wodurch der Umfang radioaktiver Verunreinigungen verringert wird. Im Rahmen weiterer Arbeiten soll die Technologie des Laserschneidens vervollkommnet und den realen Bedingungen maximal angenähert werden.

Buchbesprechungen

Radiation Effects on Solid Surfaces

Advances in Chemistry Series 158. Hrsg. Manfred Kaminsky; Washington: American Chemical Society 1976. 397 S., div. Abb. u. Tab.; Leinen US $ 32,50

Das vorliegende Werk ist die Zusammenstellung von Berichten auf dem 170. Treffen der Amerikanischen Chemischen Gesellschaft vom August 1975. Es enthält 18 Vorträge, die um drei hauptsächliche Fragestellungen gruppiert sind.

In der ersten Abteilung werden die Grundlagen derjenigen Phänomene diskutiert, die bei der Bestrahlung von Oberflächen mit Atomen, Ionen, Neutronen, Elektronen, Positronen und Photonen einschließlich Röntgenstrahlen auftreten. Der erste Vortrag behandelt die experimentellen und theoretischen Grundlagen des Sputtering-Prozesses. Es folgt ein Versuch eines neuen Verständnisses des Sputtering für binäre Targets am Beispiel des Aluminiumoxids, und es schließt sich ein Beitrag über das Neutronen-Sputtering von Festkörpern an. Weitere Vorträge dieser Gruppe behandeln die Helium- und Wasserstoffimplantation in Quarzglas und Graphit, strahleninduzierte Blasenbildung und Abblätterung an Metall- und Legierungsoberflächen, die elektronen- und photoneninduzierte Desorption von Gasen aus Festkörperoberflächen. Ein spezieller Abschnitt verbindet die Gasfreisetzung aus Oberflächen unter Röntgenstrahleinwirkung mit der Photodesorption und Photokatalyse.

Zur zweiten Abteilung des Werkes leiten Beiträge über, die Wechselwirkungsphänomene mit der Oberfläche erläutern, welche zu beobachtbaren Sekundärstrahlungen führen. Es sind Vorträge über die Röntgenstrahlemission von der Oberflächenregion von Festkörpern und die aus dem Spektrum ableitbaren Aussagen über die Oberfläche, eine zusammenfassende Darstellung der Positronenwechselwirkung mit festen Oberflächen, sowie über die Rückstreuung leichter Ionen von Metalloberflächen.

In der zweiten Abteilung werden die im letzten Jahrzehnt entwickelten neuen Analysentechniken, die auf der Teilchen- und Photonenbestrahlung von Oberflächen beruhen, näher beschrieben bzw. in Teilaspekten dargestellt. Anknüpfend an die *Rutherford*-Ionenrückstreuspektrometrie wird die Tiefenverteilung und Wanderung von Elementen niedriger Ordnungszahl in Festkörpern durch elastische Streuung energiereicher Protonen beobachtbar gemacht. Die Konzentrationsprofile von Lithium in Festkörpern werden in einer weiteren Arbeit durch die Messung von Neutronenspektren ermittelt, welche infolge der $^{7}Li(p, n)$-Reaktion auftreten.

Es folgt die Beschreibung von zwei Methoden, bei welchen Ionenstrahlen benutzt werden, um leichte Verunreinigungen in Materialien zu entdecken und ihr Tiefenprofil zu beschreiben. Im ersten Fall werden Alphastrahlen und Deuteronen aus Kernreaktionen des Lithiums verwendet, um C, N und O in dünnen Filmen simultan zu bestimmen. Bei der zweiten Methode schlagen 10—40 MeV Schwerionen alle Elemente, die leichter sind als Kohlenstoff, aus dem Target heraus und gestatten die Bestimmung der so entstandenen Sekundärionen.

In die Reihe dieser Abteilung gehört auch eine Arbeit über die Bestimmung der kristallographischen Gitterpositionen von Gasen in Metallen und schließlich ein Vortrag über die chemische Analyse von Festkörperoberflächen mit einer kombinierten ESCA/Auger-Anlage.

Die dritte und kürzeste Abteilung des Buches ist den Effekten der Oberflächenbestrahlung von Festkörpern gewidmet, wie sie bei technischen Anwendungen der Sonnen- oder Kernenergie auftreten.

Der erste Beitrag beschreibt Interface-Phänomene in Sonnenzellen und Entwicklungslinien bei Sonnenzellen. Es folgt eine Zusammenstellung von Mikrosondenstudien über Oberflächeneffekte an Materialien, die für Kernspaltungs- und Fusionsreaktoren vorgesehen sind. Der Band schließt mit einem Bericht über Oberflächeneffekte auf die Tritiumdiffusion in Materialien, welche einer ständigen Bestrahlung ausgesetzt sind.

Obwohl es sich ursprünglich um einen Symposiumsberichtsband handelt, ist eine hervorragende redaktionelle Bearbeitung vorgenommen worden, die das Material übersichtlich macht, vereinheitlicht und so zu einer gut nutzbaren Nachschlag- und allgemeinen Informationsquelle führte, die ihren Wert über längere Zeit behalten wird. Es ist vor allem zu vermerken, daß dieses Buch sich mit der Lösung von Fragen der Oberflächenbeschreibung beschäftigt, die im Zusammenhang mit der Mikroelektronik immer wichtiger geworden sind. Der Einsatz der nuklearen, strahlenphysikalischen Methoden verbindet hier zwei große Arbeitsgebiete und liegt somit im Einzugsfeld des Isotopenpraktikers und des Elektronikers.

U. Prösch

Electron-Solvent and Anion-Solvent Interactions

Hrsg. Larry Kevan, B. C. Webster; Amsterdam—Oxford—New York: Elsevier Scientific Publishing Company 1976. 360 S., div. Abb. u. Tab.; Leinen US $ 65.25; Dfl. 150,00

Das vorliegende Buch behandelt ein Gebiet, welches sich ursprünglich in einer singulären Naturerscheinung präsentierte, dann aber in den letzten beiden Jahrzehnten einen ungeahnten Aufschwung nahm und heute eine wesentliche Grundlage zum Verständnis von Radiolysevorgängen, von Ionensolvatation, elektronischen Tunnelprozessen und allgemein von elektronischen Eigenschaften nichtgeordneter Systeme geworden ist. Es geht um die Existenz und Beschreibung solvatisierter Elektronen in unpolaren und polaren Medien.

In dem Buch werden die inzwischen gewonnenen Erkenntnisse über die Wechselwirkung Elektron—Lösungsmittel und Anion—Lösungsmittel mit der Tendenz zur Vereinheitlichung der Kenntnisse, der Darstellung der experimentellen Grundlagen und der theoretischen Konsequenzen von neun hervorragenden, international bekannten Autoren dargestellt, wobei zu bemerken ist, daß die Herausgbeer selbst auf diesem Arbeitsgebiet gleichfalls bedeutende eigene Beiträge vorzuweisen haben. Die Monographie ist in 9 Kapitel unterteilt. *N. Kestner* gibt eine Einführung in die theoretischen Studien der Elektronen—Lösungsmittel-Wechselwirkung und spricht über gelöste und offene Probleme dieses Gebietes. *R. Catterall* beleuchtet die Rolle der magnetischen Resonanzspektroskopie zur Aufklärung der Eigenschaften solvatisierter Elektronen. Sie liefert z. B. Aussagen über die energetischen Grundzustände von Exzeßelektronen in Flüssigkeiten und Gläsern. Konsequent schließt sich das Kapitel von *D. C. Walker* an, welcher die angeregten Zustände von Exzeßelektronen behandelt, wobei als experimentelle Methode die Kurzzeitphotoabsorption zur Messung herangezogen wird. Abgeschlossen wird dieser Themenkreis durch die Besprechung des Überganges ins Energiekontinuum bei Exzeßelektronen. *P. Delahay* referiert die diesbezüglichen Befunde, wie sie aus den Messungen mittels der Photoelektronen-Emissionsspektroskopie hervorgehen.

In die Dynamik der Elektron—Lösungsmittel-Wechselwirkung führt *A. Mozumder* ein. Details und wichtige Charakteristika werden in den beiden Folgekapiteln dargeboten. *H. B. Steen* behandelt die Bildungsmechanismen und primären Reaktionen von Exzeßelektronen in kondensierten polaren Medien, und *W. F. Schmidt* stellt die von ihm selbst so erfolgreich mitentwickelten komplizierten Methoden der Beobachtung von Elektronenwanderung in Flüssigkeiten und Gläsern dar und bewertet die Resultate.

Die Befunde an solvatisierten Elektronen werden verbunden mit den Erkenntnissen über Anionen-Lösungsmittel-Wechselwirkungen, die in den beiden letzten Kapiteln behandelt sind. *P. Schuster* entwickelt ausführlich die Berechnungsverfahren und Berechnungsergebnisse bei Anionen-Lösungsmittel-Wechselwirkungen und *M. C. R. Symons* berichtet über spektroskopische Studien monoatomarer Anionen-Solvent-Wechselwirkungen.

Das Buch ist gansz eindeutig zur Erweiterung und Vertiefung der Kenntnisse des Physikochemikers geschrieben. Bei der Lektüre überrascht die fast durchgängig vorzügliche Verständlichmachung der an und für sich sehr komplizierten und in den Originalpublikationen mitunter schwer erfaßbaren Tatbestände und Zusammenhänge. Das Werk kann hier als ein bedeutsamer Wegweiser angesehen werden.

Neben seiner allgemeinen Bedeutung wird das Buch selbstverständlich von Interesse für den Strahlenchemiker sein, der in erster Linie mit den Fragen der reaktiven solvatisierten Elektronen konfrontiert ist.

U. Prösch

Untersuchung von Kernen mit Elektronen

I. S. Gulkarow. Moskau: Atomisdat 1977. 206 S., 52 Abb., 2 Tab. (in Russisch) Rbl. 2,01; M 10,05

Die Beobachtung der Elektronenstreuung an Atomkernen ist in den letzten zehn bis fünfzehn Jahren zu einem mächtigen Hilfsmittel der Kernphysik geworden. Es ist ein bedeutendes Verdienst des Autors, die bislang im wesentlichen in Form von Zeitschriftenartikeln verstreut publizierten Ergebnisse und Erkenntnisse als Monographie zusammengefaßt und in folgende Kapitel geordnet zu haben: Elastische Streuung, Anregung diskreter Niveaus, Untersuchung von Riesenresonanzen und quasielastische Streuung. Die experimentelle Technik spielt in dem Buch eine verhältnismäßig geringe Rolle. Das inhaltliche Schwergewicht liegt vielmehr auf den kernphysikalischen Ergebnissen von Streumessungen bei Heranziehung der mathematischen Umschreibung in nur mäßigem Umfang: Ladungsverteilung in den Kernen, Übergangswahrscheinlichkeiten, Schwingungsparameter, Formfaktoren von Riesenresonanzen in Abhängigkeit vom übertragenen Impuls, Nukleonen-Impulsverteilung und Korrelationen zwischen Nukleonen.

Die Mathematik der Dichteverteilung, Strahlungskorrektionen und Nukleonen-Formfaktoren ist in einem kurzen Anhang konzentriert.

Die sehr interessante Monographie dürfte bei Kernphysikern und fortgeschrittenen Studenten dieser Spezialrichtung auf lebhaftes Interesse stoßen.

G. Brunner

Die Prognosen D. I. Mendelejews in der Atomistik. I. Unbekannte Elemente

B. M. Kedrov, Moskau: Atomisdat 1977; 263 S., 16 Abb., 24 Tab. (in Russisch), M 6,25

Das vorliegende Buch wurde aus Anlaß des 100jährigen Jubiläums der Entdeckung von Gallium, dem ersten der von *Mendelejew* vorausgesagten Elemente, herausgegeben. In einer Einführung über das Periodengesetz und die Prognosen *Mendelejews* werden dessen allgemeine Gedanken zur wissenschaftlichen Voraussage sowie die Möglichkeiten und Methoden dargestellt, die sich ihm nach Erkennen des Periodengesetzes boten. Die ersten drei Kapitel gehen auf Voraussage und Entdeckung je eines Elementes ein: Gallium, Scandium und Germanium. Dabei werden viele mit der Entdeckung und den Eigenschaften dieser Elemente verbundene Probleme besprochen. Im vierten Kapitel wird die Vorausahnung der Existenz von X-Elementen und die Entdekkung der Edelgase ausführlich dargelegt. Über die Beziehungen des Periodengesetzes zur Geochemie und das Auffinden der Elemente Hafnium und Rhenium handelt das fünfte Kapitel. Abschließend wird die Bedeutung der *Mendelejew*schen Prognosen diskutiert.

Zur Vorbereitung des Buches hat *Kedrov* intensiv die Materialien des Wissenschaftlichen Archivs *D. I. Mendelejews* studiert und dabei vorher unbekannte interessante Einzelheiten über *Mendelejews* Denken und Wirken gefunden.

Das Buch kann Chemikern und allen an der Geschichte der Naturwissenschaft interessierten Studenten, Lehrern und Wissenschaftlern empfohlen werden.

G. Großmann

Investigations carried out for a wastewater treatment plant, a phosphoric acid production plant, and a steam calciner are presented.

Y. M. Megahed, G. A. Ziada, M. M. Mahfouz, M. Abdel-Razak, S. E. El-Hadad

Optimization of Total Thyroxine Radioimmunoassay in Unextracted Serum by Dextran Charcoal (*in English*)

Isotopenpraxis 15 (1979) No. 9, p. 282 to 287
10 Fig., 3 Tab., 15 Ref.

Specific method for accurate radioimmunoassay of free and total thyroxine in un-extracted serum has been developed. The method is used for estimation of either free thyroxine (T_4) or total T_4 by inhibition of the binding siets of T_4 to protein using TCA/NaOH mixture. The antibodies used in this study were obtained from Mallinkrodt. The separation technique used in our modification is that of dextran charcoal, this is to adsorb the free fractions on charcoal.

The kinetics of antibody/antigen combination, the parameters of the experiment like; charcoal concentration, antibody dilution, temp., time of incubation and radioactivity concentration were studied to optimize the standard curve and the sensitivity of T_4RIA.

Serum samples of different thyroid cases were investigated for determination of free and total T_4 concentration to get the levels for each group of which 50 normals, 57 hyperthyroidism and 21 hypothyroidism in comparison with the classical tests of thyroid functions. Also sensitivity and variance coefficient has been carried out in comparison with other T_4RIA techniques.

O. Ž. Jovanović-Kovačević, M. Vidmar, M. Tubić, Č. Teofilovski, D. Patić, R. Smiljanić

Sodium Chloride Aerosol Generation Method for High Efficiency Particulate Air Filter Testing (*in English*)

Isotopenpraxis 15 (1979) No. 9, p. 288 to 290
3 Fig., 2 Tab., 8 Ref.

A method for submicron aerosol generation from the sodium chloride aqueous solution and the results related to the generation capacity and aerosol particle characterization as a function of the experimental conditions are presented.

D. S. Todorovsky, K. P. Todorov, K. N. Kostadinov

Application of ^{35}S as a Radioactive Tracer for a Determination of the Composition and the Structure of Dispersion Coatings, Containing MoS_2 (*in English*)

Isotopenpraxis 15 (1979) No. 9, p. 290 to 292
2 Fig., – Tab., 4 Ref.

A method is proposed for the determination of the content and distribution of MoS_2 in Ni-P-MoS_2 coatings deposited on a steel using ^{35}S as a radioactive tracer. ^{35}S is isolated and measured as $VBaSO_4$. At the same time this approach gives the possibility to perform an autoradiographic investigation which enlarges the metallographic data.

Letters to the Editor

K.-H. Heise, S. Noll

On the Preparation in Pure State of Pyrimidine Derivative Labelled with Tritium
Part II. Preparation of 5-Cyano[6-^{3}H]uracil

Isotopenpraxis 15 (1979) No. 9, p. 292 to 293
– Fig., – Tab., 5 Ref.

устатновке по производству фосфорной кислоты и на паровой обжигательной печи.

И. М. Мегахед, Г. А. Циада, М. М. Махфоуц, М. Абдель-Разак, С. Е. Эль-Хадад

Оптимизация радиоиммуноанализа общего тироксина в неэкстрагированной сыворотке с помощью декстранового древесного угля (*на англ. языке*)

Isotopenpraxis 15 (1979) вып. 9, стр. 282 до 287
10 рис., 3 табл., 15 лит.

Разработан специфический метод точного радиоиммуноанализа в неэкстрагированной сыворотке свободного и общего тироксина. Путем применения смеси TCA/NaOH и ингибиции связки T_4 к протеинам, данный метод используется для оценки или свободного тироксина (T_4) или общего тироксина. Использованные для этих исследований антитела получены от Маллинкродта. Способ отделения основывается на использовании декстранового древесного угля, т. е. на поглощении свободных фракций древесным углем.

Были исследованы кинетика комбинации антитело/антиген, а также экспериментальные параметры, как-то концентрация древесного угля, разбавление антител, температура, время инкубации и концентрация активности с тем, чтобы оптимировать калибровочную кривую и чувствительность T_4RIA.

Рассматривались пробы сыворотки различных состояний тироида, чтобы определить концентрации свободного и общего T_4, а также уровень каждой группы, состоящей из 50 нормально функционирующих, 57 гипертироидизмов и 21 липотироидизма соответственно, с сопоставлением результатов полученным классическими методами проверки функции щитовидных желез. Дальше определились чувствительность и коэффициент отклонения с сопоставлением их результатам других способов T_4RIA.

О. Ж. Иованович-Ковачевич, М. Видмар, М. Тубич, Ч. Теофиловский, Д. Патич, Р. Змильянич

Способ получения аэрозолей из хлорида натрия для эффективного испытания воздушных фильтров для твердых частиц (*на англ. языке*)

Isotopenpraxis 15 (1979) вып. 9, стр. 288 до 290
3 рис., 2 табл., 8 лит.

Представляются способ получения из водного раствора хлорида натрия субмикроновых аэрозолей, а также данные о производительности и аэорозольных частицах как функция экспериментальных условий.

Д. С. Тодоровски, К. П. Тодоров, К. Н. Костадинов

Использование ^{35}S в качестве меченого атома для определения состава и структуры композиционных покрытий, содержащих MoS_2 (*на англ. языке*)

Isotopenpraxis 15 (1979) вып. 9, стр. 290 до 292
2 рис., – табл., 4 лит.

В работе предлагается метод для определения содержания MoS_2 в Ni-P-MoS_2 композиционных покрытиях стали с использованием ^{35}S в качестве меченого атома. ^{35}S выделяется и измеряется как $BaSO_4$. Наряду с этим предлагаемый подход позволяет проведение авторадиографического исследования, дополняющее результаты металлографического анализа.

Письма в редакцию

К.-Х. Хайзе, С. Нолл

О получении в чистом виде меченых тритием производных пиримидина
2-ое сообщение: Получение 5-циано[6-^{3}H]урацила

Isotopenpraxis 15 (1979) вып. 9, стр. 292 до 293
– рис., – табл., 5 лит.

Information

Isotopenpraxis 15 (1979) No. 9, p. 293 to 295

New Books

Isotopenpraxis 15 (1979) No. 9, p. 295 to 296

Новости

Isotopenpraxis 15 (1979) вып. 9, стр. 293 до 295

Новая литература

Isotopenpraxis 15 (1979) вып. 9, стр. 295 до 296

(Fortsetzung des Inhaltsverzeichnisses)

Informationen

Isotopenpraxis 15 (1979) H. 9, S. 293 bis 296

Buchbesprechungen

Isotopenpraxis 15 (1979) H. 9, S. 295 bis 296

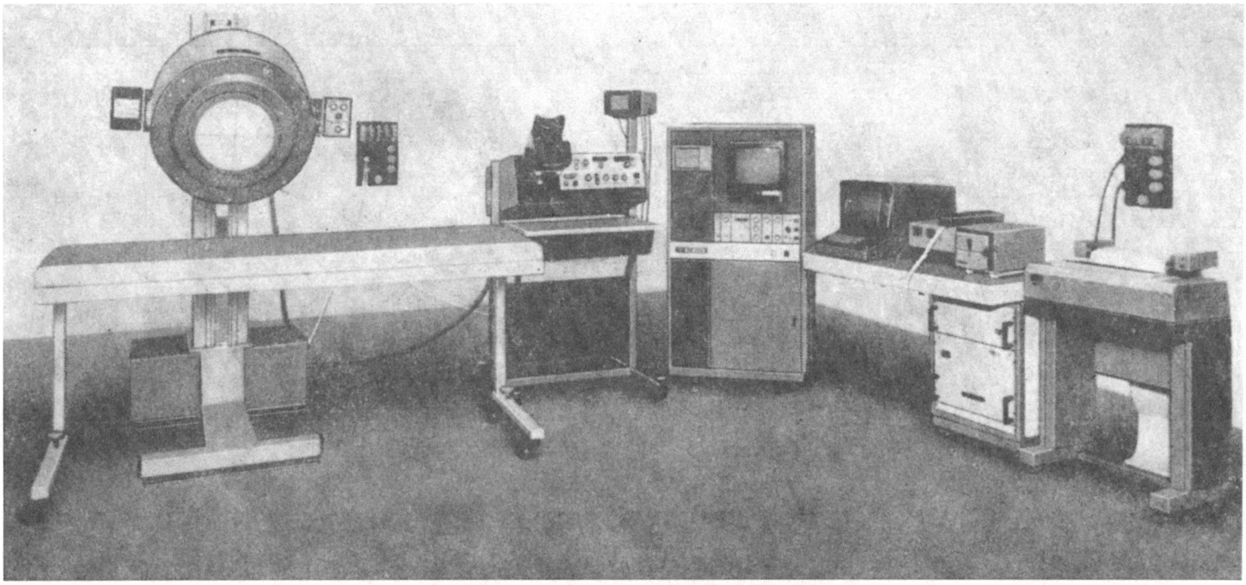

Papier | Fördert gute Waldnutzung
FSC® C083411

Zeitfracht Medien GmbH
Ferdinand-Jühlke-Straße 7
99095 Erfurt, Deutschland
produktsicherheit@kolibri360.de